数字逻辑实验及 Multisim 仿真教程

主　编◎徐　征
副主编◎周　霞　许莹莹　叶满园

西南交通大学出版社
·成都·

内容简介

本书参考了教育部高等学校委员会提出的电子电气基础课程教学基本要求。书中详细介绍了各种数字逻辑实验仪器的使用方法，遵循由易到难的原则，配合数字逻辑教材设计了一系列实验项目，例举了大量的 Multisim13.0 仿真示例，学生可以通过自学完成各种数字逻辑电路的设计与仿真；最后给出了课程设计题目和提示设计方案，以促进学生综合设计能力的提高。

本书可作为高等院校的通信工程、计算机科学与技术、软件工程等专业的本、专科生的实验教材，也可供从事数字逻辑电路设计、研发的工程技术人员阅读或参考。

图书在版编目（CIP）数据

数字逻辑实验及 Multisim 仿真教程 / 徐征主编. ——
成都：西南交通大学出版社，2018.2
ISBN 978-7-5643-6016-0

Ⅰ. ①数… Ⅱ. ①徐… Ⅲ. ①数字逻辑－实验－高等
学校－教材 Ⅳ. ①TP302.2

中国版本图书馆 CIP 数据核字（2018）第 008685 号

数字逻辑实验及 Multisim 仿真教程

责任编辑／穆　丰
主编／徐　征
助理编辑／赵永铭
封面设计／何东琳设计工作室

西南交通大学出版社出版发行
（四川省成都市二环路北一段 111 号西南交通大学创新大厦 21 楼　610031）
发行部电话：028-87600564
网址：http://www.xnjdcbs.com
印刷：成都蓉军广告印务有限责任公司

成品尺寸　185 mm×260 mm
印张　11.25　字数　272 千
版次　2018 年 2 月第 1 版
印次　2018 年 2 月第 1 次
书号　ISBN 978-7-5643-6016-0
定价　28.00 元

课件咨询电话：028-87600533
图书如有印装质量问题　本社负责退换
版权所有　盗版必究　举报电话：028-87600562

前　言

　　本书以工程应用为出发点，为了培养学生的实验操作能力和综合设计能力，设计了一系列基础性课程实验和综合性课程设计。

　　全书共分为 5 章。第 1 章为数字逻辑实验基础知识，主要介绍数字逻辑实验的任务、要求、过程、考核方式及实验报告参考模板。第 2 章为数字逻辑实验仪器，主要介绍了 LTE-DC-03B 型数字电子实验台、固纬 GOS-6031 型模拟示波器和 EONE VC104 型数字万用表的重要参数和使用方法。第 3 章为数字逻辑实验，共有 18 个实验，是以数字电子实验台为教学实验平台的基础性课程实验。实验的内容是配合理论教学的进度而安排的，与数字逻辑教材内容相匹配。第 4 章为 Multisim13.0 在数字逻辑电路中的仿真应用，包括 Multisim13.0 仿真软件的介绍和大量的实例，以便学生自行完成仿真实验。第 5 章为数字逻辑课程设计，共有 6 个课程设计题目。题目的设计难易适中，提供了设计框图以供参考，旨在培养初学者的综合设计能力。附录中列出了实验室安全准则和常用芯片名称及管脚图，以供学生查阅。

　　全书着重介绍了数字逻辑的实验仪器，实验的基本方法和流程，强调培养电子类专业工程师所应具备的工程意识、工程素质、实践能力和创新能力。

　　本书由徐征副教授担任主编，负责全书的组织和定稿。周霞讲师、许莹莹讲师和叶满园副教授担任副主编，协助编撰工作。徐征负责编写第 1、2、5 章，周霞负责编写第 3 章，许莹莹负责编写第 4 章，傅军栋副教授负责全书的插图。研究生潘涛、崔浩杰、韩祥鹏、康力璇、聂宇、陈乐、吴韩、章俊飞、肖云煌、邹文骏、何煜祺参与了资料的收集和整理。

　　本书的编写得到了华东交通大学电气工程与自动化学院电基础教研室和数字电子技术实验室的大力支持，在此表示感谢。由于作者能力有限，编写时间仓促，书中难免存在疏漏之处，敬请读者批评指正。

编　者

2018 年 1 月

目　录

1 数字逻辑实验基础知识

1.1 数字逻辑实验的任务

数字逻辑实验是通过对实际电路的应用和实践，巩固和加深对数字电路理论的理解。数字逻辑实验的目的在于帮助学生掌握数字电子技术的基本实验方法和技能，从而增加对数字电路学习的兴趣，促进理论与实践的有效结合，为今后学习微机原理、数据通信技术、电气工程等相关专业课程，解决工程实践中所遇到的数字系统问题打下坚实的基础。

本实验课程的教学任务是使学生巩固所学的基础理论知识，培养学生正确使用电子仪器，掌握测试方法，独立完成实验电路的设计，参数的计算，电路的安装、调试、测试，并具备分析电路和综合实验的能力。培养学生具有理论联系实际、实事求是的科学态度和严谨的工作作风。

1.2 数字逻辑实验的要求

（1）学生在实验前必须预习实验指导和相关理论知识，明确实验目的、原理、预期的实验结果、操作关键步骤及注意事项。

（2）指导教师在实验前讲解实验基本原理、实验流程和实验要求。

（3）学生在实验过程中应独立思考，积极解决出现的各种问题，认真记录实验数据，课后整理分析，完成实验报告。

1.3 数字逻辑实验的过程

要完成数字逻辑实验，通常要完成以下几个过程。

1. 实验预习

在授课教师布置实验安排后，学生应该认真预习实验，以确保在实验课程内完成实验内容。每项实验内容都有与之相关的理论基础，实验的过程应接受理论的指导，实验结果不能与理论产生矛盾。因此，在进行实验操作之前，必须熟悉有关实验内容的理论和电路知识。

在实验过程中需要借助各种电子仪器使实验电路正常工作，并用仪器对电路进行测试。在实验前应了解有关实验仪器的基本特性、使用方法、操作要求和步骤。在实验中要用到多种与实验相关的电子元器件，在实验前应了解有关器件的电气工作特性和使用要求以及在电路中所起的作用。此外，在实验前应对有关的数据表格或现象的读取和记录方式有所准备，以便在实验过程中能够顺利地进行记录工作。

在实验操作前，应该对整个实验的过程有较全面的了解，并确定基本的实验步骤。将这些内容整理起来，写出一份预习报告，预习报告主要内容应包括以下几个方面：

（1）列出实验仪器、元器件清单。整理好实验仪器的使用方法及元器件的电气特性等相关资料，以便实验过程中查阅。

（2）设计出电路图，并保留完整的设计过程，以便在实验过程中不断探讨实验原理或者查找错误。使用仿真软件进行验证，并保留仿真电路图。

（3）绘出设计好的实验电路图，在图上标出器件型号、使用的引脚号及元件数值。

（4）拟定实验方法和步骤。

（5）拟好记录实验数据的表格和波形坐标，并记录预习中分析的理论值或仿真结果。

2. 实验操作

实验操作是在有实验准备的基础上对实验的实施和对实验现象及数据的记录过程。参加实验者要自觉遵守实验室规则。实验前应检查实验仪器编号与座位号是否相同，仪器设备不准随意搬动调换。非本次实验所用的仪器设备，未经老师允许不得动用。严禁带电接线、拆线或改接线路。

实验过程中应根据实验内容和实验方案，选择合适的集成芯片，连接实验电路和测试电路。实验中的操作需要遵守的原则如下：

（1）检查集成电路及导线的好坏。搭接实验电路前，应对仪器设备进行必要的检查，对导线是否导通，用万用表进行测量；检测所用集成电路是否好坏，搭接简单电路进行功能测试。

（2）搭接电路时，应遵循先接线后通电的布线规则；做完后，应遵守先断电再拆线的布线规则。

（3）检查电路中出现的故障。在很多情况下，往往接完线通电后电路不能实现预定的逻辑功能，这个时候就必须做故障排查。如果发生焦味、冒烟等严重故障时应立即切断电源，保护现场，并报告指导老师和实验室工作人员，等待处理。

在实验过程中，如果出现故障，需要自己查找故障并解决问题。产生故障的原因大致可以归纳以下四个方面：操作不当（如布线错误等）；设计不当（如电路出现险象等）；元器件使用不当或功能不正常；仪器、集成器件以及开关器件本身出现故障。以下介绍几种常见的故障检查方法：

① 查线法。由于实验中大部分故障都是由于布线错误引起的，因此，在故障发生时，复查电路连线为排除故障的有效方法。应着重注意：导线是否导通，有无漏线、错线，导线与插孔接触是否可靠，集成电路是否插牢、是否插反、是否完好等。

② 观察法。用万用表直接测量各集成块的 Vcc 端是否加上电源电压，输入信号、时钟脉冲等是否加到实验电路上，观察输出端有无反应。重复测试观察故障现象，然后对某一故障状态，用万用表测试各输入/输出端的直流电平，从而判断出是否是插座板、集成块引脚连接线等原因造成的故障。

③ 信号注入法。在电路的每一级输入端加上特定信号，观察该级的输出响应，从而确定

该级是否有故障，必要时可以切断周围连线，避免相互影响。

④ 信号寻迹法。在电路的输入端加上特定信号，按照信号流向逐级检查是否有响应和是否正确，必要时可多次输入不同信号。

⑤ 替换法。对于多输入端器件，如有多余端则可调换另一输入端试用。必要时可更换器件，以检查器件功能不正常所引起的故障。

⑥ 动态逐线跟踪检查法。对于时序电路，可输入时钟信号按信号流向依次检查各级波形，直到找出故障点为止。

⑦ 断开反馈线检查法。对于含有反馈线的闭合电路，应该设法断开反馈线进行检查，或进行状态预置后再进行检查。

以上检查故障的方法，是指在仪器工作正常的前提下进行的，如果实验时电路功能测不出来，则应首先检查供电情况。若电源电压已加上，便可把有关输出端直接接到 0-1 显示器上检查。若逻辑开关无输出，或单次 CP 无输出，则是开关接触不好或是内部电路坏了，一般就是集成器件坏了。需要强调指出，实验中经验积累对于故障检查是大有帮助的，但只要充分预习，掌握基本理论和实验原理，就不难用逻辑思维的方法较好地判断和排除故障。

（4）仔细观察实验现象，做好实验记录。实验记录是实验过程中获得的第一手资料，所以记录必须清楚、合理、正确。若发现不正确，要及时重复测试，找出原因。实验记录应包括如下内容：

① 实验任务、名称及内容。

② 实验数据和波形以及实验中出现的现象，从记录中应能初步判断实验的正确性。

③ 记录波形时，应注意输入、输出波形的时间相位关系，在坐标中上下对齐。

④ 实验中实际使用的仪器型号和编号以及元器件使用情况。

（5）实验完毕，关断电源拆除连线，整理好放在实验箱内，并将实验台清理干净、摆放整洁。

3. 实验现象和数据的分析

在实验操作结束后，应对所记录的实验现象和数据进行整理和分析，并由此得出实验结果。将实验结果与理论进行比较，对实验结果的好坏做出评述，以判断实验是成功或是失败，总结实验的经验、体会和教训。最后提交一份实验报告。

实验报告应包括实验目的、实验使用仪器和元器件、实验内容和结果以及分析讨论等，其中实验内容和结果是报告的主要部分，具体内容如下：

（1）实验内容的方框图、逻辑图（或测试电路）、状态图，真值表以及文字说明等，对于设计性实验，还应有整个设计过程和关键的设计技巧说明。

（2）对实验操作过程中的所有记录进行整理，并且有条理地在实验报告上一一列出。对所有记录的实验现象和数据进行处理，计算和分析结果。将得出的实验结果与理论进行对比。

（3）对实验中所遇到的各种问题进行讨论和分析，总结和归纳实验结果，写出实验体会。其中可涉及对理论的理解，对某一电路功能的概括和总结，仪器使用方法和操作技巧以及解决某一问题受到的启示，或对实验的改进意见等。对这部分的内容不做统一的要求，各人可根据自己的情况和感受来写。

1.4 数字逻辑实验的考核办法

数字逻辑实验可采用平时单个实验累积记分加期末考试的考核办法。平时单个实验累积记分包括基础实验和综合实验两部分，期末考试包括基本操作知识（笔试）和基本技能操作（动手）两部分或仅为基本技能操作。

1. 平时单个实验累积记分

若将每学期平时成绩以 100 分为满分来记分，将这 100 分分配到每个实验中去，最后将每个实验的考核得分加起来作为平时考核的成绩。平时单个实验考核都必须制定出具体的评分标准，分为实验预习记录、实验基本操作、实验结果、实验报告和综合素质等考核项。

2. 期末考试

期末考试是对实验教学的全面考核，采取笔试和操作技能相结合的方式或仅对操作技能进行考试的方式。笔试的形式为问答题、选择题和填空题等，一般放在操作技能考试之前，考试的内容为基本操作知识、原理、实验中的问题和实验安全规则以及安全措施等。

操作技能考试的内容主要是以实验基本操作技能为主，将实验记录、实验结果的处理、分析问题和解决问题的能力及台面整洁等作为评分标准的内容。操作技能考试的方法是将题目库发给学生复习、准备，然后采取抽签的办法，考其中一题或几题。考试评分标准：要求按照不同的题目，制定出不同标准，评分点清楚，综合评定。

3. 平时成绩与考试成绩相结合的方法

实验课成绩的评定通常采取平时成绩与考试成绩相结合的方法，平时成绩与期末考试成绩之间的比例，可以根据不同专业具体情况而定。要求教师客观、实事求是、公正地给每个同学评好分。

当然，实验老师也可以根据具体情况大胆创新实验考核方法，公允地对学生成绩进行评定。

1.5 实验报告参考模板

数字逻辑实验除了使学生受到系统的科学实验方法和实验技能的训练外，还要通过书写实验报告培养学生将来从事科学研究和工程技术开发的论文书写能力。因此，实验报告是实验课学习的重要组成部分，希望同学们能认真对待。

正规的实验报告，应包含以下 6 个方面的内容。

（1）实验目的；

（2）实验仪器设备及实验器材；

（3）实验原理；

（4）实验内容（简单步骤）及原始数据；

（5）数据处理及结论；

（6）结果的分析讨论。

下面提供一个实验报告模板，供同学们参考。

实验　组合逻辑电路的设计与制作

1. 实验目的

（1）学会根据给定要求设计逻辑电路；

（2）掌握如何查找、选择所需器件，或根据现有器件进行设计；

（3）掌握按设计图纸在实验板上连接电路，排除故障，测试性能。

2. 实验器材

电子实验台、74LS00×2、连接线若干

3. 实验内容

1）用 74LS00 制作一个二输入异或门电路

（1）实验设计

根据题意得真值表（见表 1-1）：

表 1-1　74LS00 真值表

A	B	Y
0	0	0
0	1	1
1	0	1
1	1	0

根据真值表得以下逻辑表达式并化简得

$$Y = \overline{A}B + A\overline{B} = \overline{\overline{\overline{A}B} \cdot \overline{A\overline{B}}}$$

（2）电路设计（见图 1-1）

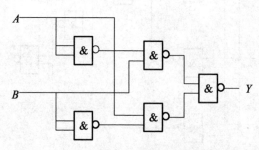

图 1-1　74LS00 组成两输入异或门电路图

（3）实验数据（见表1-2）

表1-2　实验数据

A	B	Y
0	0	0
0	1	1
1	0	1
1	1	0

2）用74LS00设计制作一个三人表决电路，两人或两人以上赞成则通过

（1）实验设计

设三人中表决同意的为"1"，不同意的为"0"，决意通过为"1"，不通过为"0"，则根据题意可得以下真值表（见表1-3）。

表1-3　真值表

A	B	C	Y
0	0	0	0
0	0	1	0
0	1	0	0
0	1	1	1
1	0	0	0
1	0	1	1
1	1	0	1
1	1	1	1

根据真值表得以下逻辑表达式并化简得

$$Y = \overline{A}BC + A\overline{B}C + AB\overline{C} + ABC = BC + AC + AB$$
$$= \overline{\overline{BC} \cdot \overline{AC} \cdot \overline{AB}} = \overline{\overline{BC} \cdot \overline{AC} \cdot \overline{AB}}$$

（2）电路设计（见图1-2）

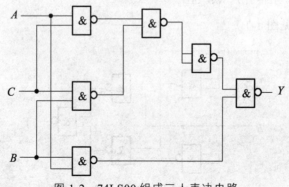

图1-2　74LS00组成三人表决电路

（3）实验数据（见表 1-4）

表 1-4 实验数据

A	B	C	Y
0	0	0	0
0	0	1	0
0	1	0	0
0	1	1	1
1	0	0	0
1	0	1	1
1	1	0	1
1	1	1	1

4. 实验总结（自编）

通过本次实验，本人掌握了如何根据要求设计逻辑电路，并将其实现为电路；

通过本次实验过程本人还学习了电路发生故障时，如何根据其逻辑关系对电路进行检查；

通过本次实验使我个人对以前所学的组合逻辑电路有了更为深刻的认识……

5. 思考题

（1）逻辑表达式的变换在逻辑电路的设计中有什么作用？

（2）实验内容（2）改为用或非门，如何实现？

2 数字逻辑实验仪器

2.1 LTE-DC-03B 型数字电子实验台

华东交通大学数字电子技术实验室根据教学需要，与武汉凌特电子技术有限公司联合研制了 LTE-DC-03B 型数字电子实验台，如图 2-1 所示。该实验台操作简便、布局合理、功能全面，可以完成数字逻辑中所有要求的实验，学生也可以根据学习的需要，自己设计各种开放性实验。

实验台包括频率计、信号源、A/D（模/数）和 D/A（数/模）模块、DIP-40 芯片座、显示区、电源区、常用实验芯片座区、常用元器件区、逻辑电平输出区、电位器区和蜂鸣器及两位数码管显示区。

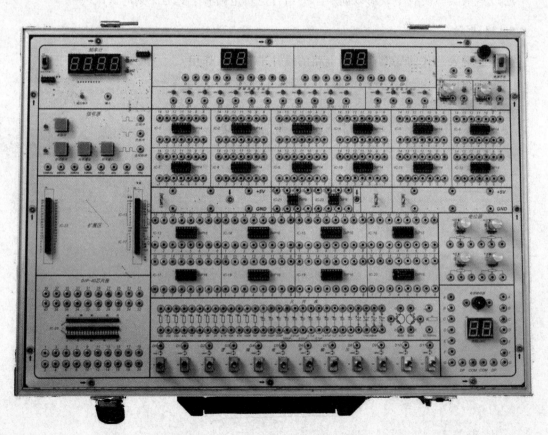

图 2-1　LTE-DC-03B 型数字电子实验台

1. 频率计区

频率计区的主要功能是测试频率，如图 2-2 所示。频率计测试频率范围为 0 ~ 9 999 kHz。从输入口输入信号，频率计上会显示所测频率，若频率计开关打到"Hz"档，Hz 指示灯亮，所测信号频率的单位为 Hz，若频率计开关档打在"kHz"档，则 kHz 指示灯亮，所测信号频率的单位为 kHz。

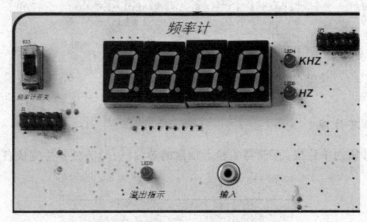

图 2-2 频率计区

2. 信号源区

信号源区的主要功能是输出脉冲信号，如图 2-3 所示。信号区包括单脉冲，连续脉冲，固定脉冲三类。单脉冲有正脉冲和负脉冲。两种连续脉冲可以输出连续不断的脉冲信号，按频率增加和频率减小按钮可以改变脉冲的频率。固定脉冲可以输出 1 Hz、2 Hz、4 Hz、1 kHz、10 kHz、20 kHz、40 kHz 和 100 kHz 固定频率的连续脉冲信号。

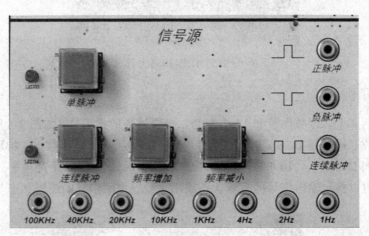

图 2-3 信号源区

3. A/D 和 D/A 模块

A/D、D/A 模块是专门为 A/D、D/A 的实验设计的模块，如图 2-4 所示。A/D、D/A 模块包括串口接口、各类实验芯片和指示灯。

图 2-4   A/D、D/A 模块

4. DIP-40 芯片座

DIP-40 芯片座为单片机、存储器实验等预留的芯片座，以方便学生完成各类综合性实验，如图 2-5 所示。

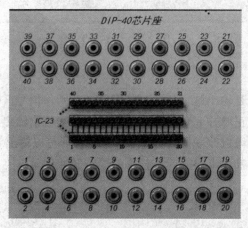

图 2-5   DIP-40 芯片座

5. 显示区

显示区包括 4 个八段数码管和 16 个发光二极管构成的指示灯，如图 2-6 所示。八段数码管只要输入四位二进制数 DCBA 就能显示 0 ~ 9 十个数字，DP 是小数点。特别要注意的是 D 是最高位，例如 DCBA = "1000"，则显示为 "8"。指示灯包括 12 个高电平指示灯和 4 个低电平指示灯，可以指示输出信号的逻辑状态或用来检查中间信号的逻辑状态。

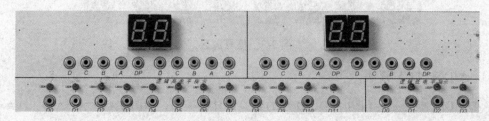

图 2-6   显示区

6. 电源区

电源区包括电源开关和两个直流电源，其中，1 个电源电压的调节范围是 + 1.25 V ~ + 15 V，另一个电源电压的调节范围是 − 1.25 V ~ − 15 V，如图 2-7 所示。除此以外还有 GND 和 + 5 V 电源。

图 2-7　电源区

7. 常用实验芯片座区

常用实验芯片座区布置了数字逻辑实验需要的常用芯片，本实验室布置的芯片如图 2-8 所示。

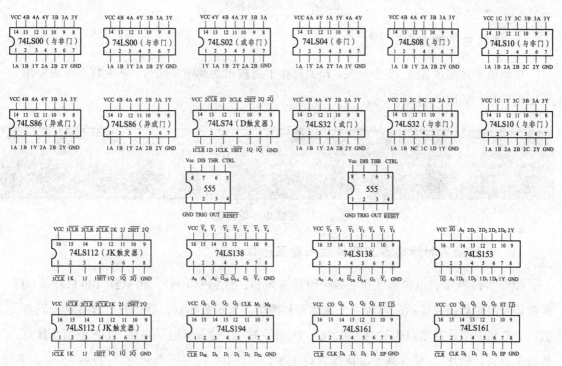

图 2-8　芯片布置图

常用实验芯片座区布置了两片两输入端与非门 74LS00，一片两输入端或非门 74LS02，一片非门 74LS04，一片两输入端与门 74LS08，两片三输入端与非门 74LS10，两片异或门 74LS86，一片边沿 D 触发器 74LS74，一片两输入端或门 74LS32，一片四输入端与非门 74LS20，两片 555 定时器，两片主从 JK 触发器 74LS112，两片三线-八线译码器 74LS138，一片双四选一数据选择器 74LS153，一片四位移位寄存器 74LS194 和两片四位同步计数器 74LS161，一共 22 片芯片。

8. 常用元器件区

常用元器件区包括各种规格的电阻、电容、二极管和三极管，如图 2-9 所示。电阻有 100 Ω，200 Ω，330 Ω，470 Ω，1 kΩ，1 kΩ，2 kΩ，2 kΩ，4.7 kΩ，10 kΩ，47 kΩ，100 kΩ，1 MΩ，共 13 个。电容有 30 pF，100 pF，220 pF，1 000 pF，0.01 μF，0.01 μF，0.1 μF，0.1 μF，0.47 μF，1 μF，4.7 μF，10 μF 共 12 个独石电容。4 个 IN4148 二极管，2 个三极管，其中一个为 8050NPN 型三极管，另一个为 8055PNP 型三极管。

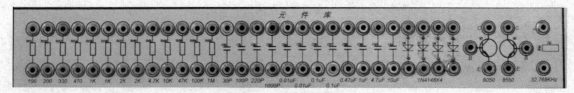

图 2-9　常用元器件区

9. 逻辑电平输出区

逻辑电平输出区包含 12 个开关，开关打在上面输出为高电平信号，开关打在下面输出为低电平信号，如图 2-10 所示。

图 2-10　逻辑电平输出区

10. 电位器区和蜂鸣器及两位数码管显示区

如图 2-11 所示，电位器区包括四个滑动变阻器，分别为 1 kΩ，10 kΩ，100 kΩ，1 MΩ。蜂鸣器及两位数码管显示区包含一个蜂鸣器和两个共阳极数码管，数码管不含显示译码器，数码管的每一个段都可以通过 A、B、C、D、E、F、G 输入低电平点亮。DP 控制小数点，低电平点亮。COM 为公共端子，应接入高电平。

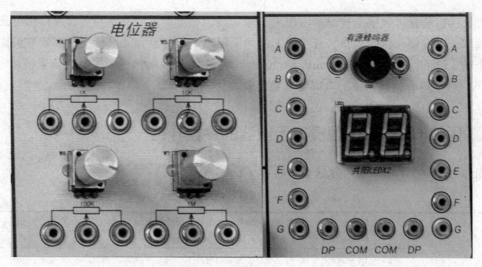

图 2-11 电位器区和蜂鸣器及两位数码管显示区

2.2 固纬 GOS-6031 型示波器

示波器是数字逻辑实验中一种重要的实验仪器。它的功能是将肉眼看不见的电信号变换成看得见的图像，便于研究电现象的变化过程。利用示波器能观察各种不同信号幅度随时间变化的波形曲线，还可以用它测试各种不同的电量，如电压、电流、频率、相位差、调幅度等。

示波器种类包括模拟示波器，数字示波器。模拟示波器采用的是模拟电路（示波管，其基础是电子枪）。电子枪向屏幕发射电子，发射的电子经聚焦形成电子束，并打到屏幕上。屏幕的内表面涂有荧光物质，这样电子束打中的点就会发出光来。数字示波器是利用数据采集、A/D 转换、软件编程等一系列的技术制造出来的高性能示波器。20 世纪 80 年代数字示波器迅猛发展，大有全面取代模拟示波器之势。但是模拟示波器的某些特点，却是数字示波器所不具备的：

（1）操作简单：全部操作都在面板上可以找到，波形反应及时，而数字示波器往往要较长处理时间。

（2）垂直分辨率高：连续而且无限级，而数字示波器的分辨率一般只有 8 位至 10 位。

（3）数据更新快：每秒捕捉几十万个波形，而数字示波器每秒只能捕捉几十个波形。

（4）实时带宽和实时显示：连续波形与单次波形的带宽相同，而数字示波器的带宽与取样率密切相关，取样率不高时需借助内插计算，容易出现混淆波形。

固纬电子（苏州）有限公司创立于 1975 年，开发出国内第一台液晶数位式示波器。华东交通大学数字电路实验室购置的就是固纬 GOS-6031 型模拟示波器。固纬 GOS-6031 内部附有刻度的高亮度阴极射线管（CRT），使用一个内部有刻度的 6 in（1 in = 2.54 cm）方形阴极射线管，即使在高速扫描时也可清晰显示轨迹，其内部刻度线排除了轨迹与刻度线之间的视觉误差。它融合了先进的数字技术，以微处理器为核心的操作系统控制了仪器的多种功能，包括光标读出装置，数字面板设定，使用光标功能，在屏幕上的文字符号直接读出电压，时间，频率，以方便仪器的操作，有十组不同的面板设定可任意存储及切换。其垂直偏向系统有两个输入通道，每一通道从 1 mV 到 20 V，共有 14 种偏向档位，水平偏向系统从 0.2 µs 到 0.5 s，可在垂直偏向系统的全屏宽下稳定触发。

2.2.1　固纬 GOS-6031 型模拟示波器的参数介绍

固纬 GOS-6031 型模拟示波器参数如表 2-1 所示。

表 2-1　固纬 GOS-6031 型模拟示波器的参数

CRT	形式	内有刻度的 6 in（1 in = 2.54 cm）方形 CRT（0% 10% 90% 100% 号）8 x 10 DIV（1 DIV = 1 cm）		
	加速电压	大约 2 kV		
	亮度和聚焦	前面板控制		
	发光度	参考提供（GOS-6031）		
	定位	参考提供		
	Z 轴输入	灵敏度：> 5 V 极性：正向降低亮度 频率范围：DC ~ 2 MHz 最大输入电压：30 V（DC + AC peak），1 kHz 输入阻抗：大约 47 kΩ		
垂直系统	灵敏度误差	1 mV ~ 2 mV/DIV ± 5%，5 mV ~ 20V/DIV ± 3%，1—2—5 顺序 14 个校正范围		
	可调垂直灵敏度	面板表示值的 1/2.5　或更少，持续可调		
	带宽（−3 dB）和上升时间	GOS-6031/6020	带宽（−3 dB）	上升时间
		5 mV ~ 20 V/DIV	DC ~ 30 MHz	大约 11.67 nS
		1 mV ~ 2 mV/DIV	DC ~ 7 MHz	大约 50 nS
	最大输入电压	400 V（DC + AC peak）≤ 1 kHz		
	输入耦合	AC，DC，GND		
	输入阻抗	大约 1 MΩ ± 2% // 大约 25 pF		
	垂直模式	CH1，CH2，DUAL（CHOP/ALT），ADD，CH2 INV		
	CHOP 频率	大约 250 kHz		
	动态范围	8 DIV，20 MHz		
水平系统	扫描时间	0.2 µs/DIV ~ 0.5S/DIV，1-2-5 顺序 20 个文件		
	精度	± 3%，± 5%（× 5，× 10 MAG），± 8%（× 20 MAG）		
	扫描放大	× 5，× 10，× 20 MAG		
	最大扫描时间	100 nS/DIV（10 nS/DIV ~ 40 nS/DIV 不被校正）		
	ALT-MAG 功能	可用		

	触发模式	AUTO，NORM，TV			
	触发源	VERT-MODE，CH1，CH2，LINE，EXT			
	触发耦合	AC，HFR，LFR，TV-V（-），TV-H（-）			
	触发斜率	"＋"或"－"斜率			
触发系统	触发灵敏度	GOS-6031/GOS-6020	CH1，CH2	VERT-MODE	EXT
		20 Hz～2 MHz	0.5 DIV	2.0 DIV	200 mV
		2～20 MHz	1.5 DIV	3.0 DIV	800 mV
		TV 同步脉冲，大于 1DIV（CH1，CH2，VERT-MODE）或者 200 mV（EXT）			
	外部触发输入	输入阻抗：大约 1 MΩ//25 pF（AC 耦合） 最大输入电压：400 V（DC＋AC peak）1 kHz			
	Hold-off 时间	可调			
X-Y 操作	输入	X 轴：CH1，Y 轴：CH2			
	灵敏度	1 mV/DIV～20 V/DIV			
	带宽	X 轴：DC～500 kHz（-3 dB）			
	相位差	≤3°，DC～50 kHz			
输出信号	CH1 信号输出	电压：大约 20 mV/DIV（连接 50 Ω终端电阻） 带宽：50 Hz～5 MHz			
	校准信号输出	电压：0.5 V±3% 频率：大约 1 kHz，方波			
CRT 读值	面板设置显示	CH1/CH2 灵敏度，扫描时间，触发条件			
	面板设置（GOS-6031）储存与呼叫	10 组			
	光标量测（GOS-6031）	光标量测功能：ΔV，ΔT，1/ΔT 光标分辨率：1/25 DIV 有效光标范围：垂直：±3 DIV， 水平：±4 DIV			
	频率计数器（GOS-6031）	显示数字：6 位 频率范围：50 Hz～30 MHz 精度：±0.01% 量测灵敏度：大于 2 DIV			
使用电源	电压	AC100 V，120 V，230 V±10%可选			
	频率	50 Hz 或 60 Hz			
	功率消耗	大约 60 VA，50 W（max）			
机械性能	尺寸	275（W）×130（H）×370（D）mm			
	质量	7.2 kg			

	1. 用于室内
	2. 用于海拔高达 2 000 m
	3. 安全规格之温度：10～35 ℃（50～95 F）
操作环境	4. 操作温度：0～40 ℃（32～104 F）
	5. 相对湿度：最高 85% RH
	6. 安全等级：H
	7. 污染程度：2
储存温度及湿度	−10～70 ℃，70%RH（最高）
	电源线……………………1
附件	操作手册……………………1
	探棒（x 1/x 10）…………2

2.2.2　固纬 GOS-6031 型模拟示波器的面板结构及功能介绍

固纬 GOS-6031 所有的主要面板设定都会显示在屏幕上。LED 位于前板用于辅助和指示附加资料的操作。不正确的操作或将控制钮转到底时，蜂鸣器都会发出警讯。所有的按钮 TIME/DIV 控制钮都是电子式选择，它们的功能和设定都可以被存储。前面板如图 2-12 所示，可以分成四大部分：1——垂直控制（Vertical），2——水平控制（Horizontal），3——触发控制（Trigger）和 4——显示控制（Controller）四个部分。

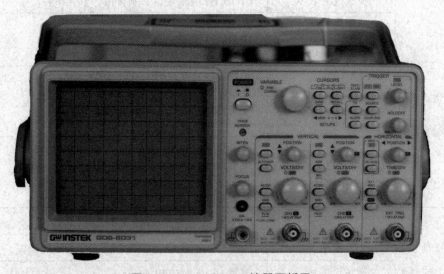

图 2-12　GOS-6031 示波器面板图

1. 垂直控制按钮

如图 2-13 所示，垂直控制按钮用于选择输出信号及控制幅值。

（1）CH1，CH2：通道选择。

（2）POSITION：调节波形垂直方向的位置。

（3）ALT/CHOP：ALT 为 CH1，CH2 双通道交替显示方式，CHOP 为断续显示模式。

（4）ADD-INV：ADD 为双通道相加显示模式，两个信号将成为一个信号显示。INV 为反向功能，按住此钮几秒后，使 CH2 信号反向 180°显示。

（5）VOLTS/DIV：波形幅值挡位选择旋钮，顺时针方向调整旋钮，以 1—2—5 顺序增加灵敏度，反时针则减小。挡位可从 1 ~ 20 V/DIV 选择。调节时挡位显示在屏幕上。按下此旋钮几秒后，可进行微调。

（6）AC/DC：交直流切换按钮。

（7）GND：按下此钮，使垂直信号的输入端接地，接地符号"⏚"显示在 LCD 上。

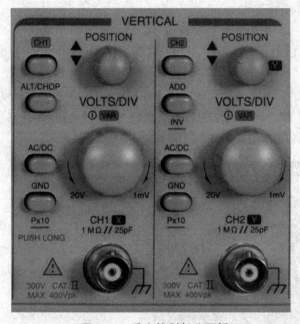

图 2-13　垂直控制部分面板

图 2-14　水平控制部分面板

2. 水平控制

如图 2-14 所示，水平控制可选择时基操作模式和调节水平刻度、位置和信号的扩展。

（1）POSITION：信号水平位置调节旋钮，使信号在水平方向移动。

（2）TIME/DIV-VAR：波形时间挡位调节旋钮。顺时针方向调整旋钮，以 1—2—5 顺序增加灵敏度，反时针则减小。档位可在 0.2 μs/DIV ~ 0.5 s/DIV 选择。调节时挡位显示在屏幕上。按下此旋钮几秒后，可进行微调。

（3）×1/MAG：按下此钮，可在×1（标准）和 MAG（放大）之间切换。

（4）MAG FUNCTION：当×1/MAG 按钮位于放大模式时，有×5，×10，×20 三个挡位的放大率。处于放大模式时，波形向左右方向扩展，显示在屏幕中心。

（5）ALT MAG：按下此钮，可以同时显示原始波形和放大波形。放大波形在原始波形下面 3DIV（格）距离处。

3. 触发控制

触发控制面板如图 2-15 所示。

（1）ATO/NM 按钮及指示 LED：此按钮用于选择自动（AUTO）或一般（NORMAL）触发模式。通常选择使用 AUTO 模式，当同步信号变成低频信号（25 Hz 或更少）时，使用 NOMAL 模式。

（2）SOURCE：此按钮选择触发信号源。当按钮按下时，触发源按以下列顺序改变 VERT—CH1—CH2—LINE—EXT—VERT，其中：

VERT（垂直模式）：触发信号轮流取至 CH1 和 CH2 通道，通常用于观察两个波形。

CH1：触发信号源来自 CH1 的输入端。

CH2：触发信号源来自 CH2 的输入端。

LINE：触发信号源从交流电源取样波形获得。

EXT：触发信号源从外部连接器输入，作为外部触发源信号。

（3）TRIGGER LEVEL：带有 TRG LED 的控制钮。通过旋转调节该旋钮触发稳定波形。如果触发条件符合时，TRG LED 亮。

（4）HOLDOFF—控制钮：当信号波形复杂，使用 TRIGGER LEV 无法获得稳定的触发，旋转该旋钮可以调节 HOLDOFF 时间（禁止触发周期超过扫描周期）。当该旋钮顺时针旋到头时，HOLDOFF 周期最小，反时针旋转时，HOLDOFF 周期增加。

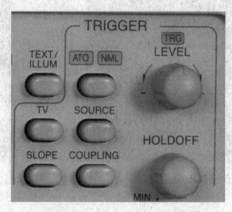

图 2-15　触发控制部分面板

4. 显示器控制

显示器控制面板用于调整屏幕上的波形，提供探棒补偿的信号源，如图 2-16 所示。

（1）POWER：电源开关。

（2）INTEN：亮度调节。

（3）FOCUS：聚焦调节。

（4）TEXT/ILLUM：用于选择显示屏上文字的亮度或刻度的亮度。该功能和 VARIABLE 按钮有关，调节 VARIABLE 按钮可控制读值或刻度亮度。

（5）CURSORS：光标测量功能。在光标模式中，按 VARIABLE 控制钮可以在 FINE（细调）和 COARSE（粗调）两种方式下调节光标快慢。

ΔV-ΔT-1/ΔT-OFF 按钮：当此按钮按下时，三个量测功能将以下面的次序选择。

ΔV：出现两个水平光标，根据 VOLTS/DIV 的设置，可计算两条光标之间的电压。ΔV 显示在 CRT 上部。

ΔT：出现两个垂直光标，根据 TIME/DIV 设置，可计算出两条垂直光标之间的时间，ΔT 显示在 CRT 上部。

1/ΔT：出现两个垂直光标，根据 TIME/DIV 设置，可计算出两条垂直光标之间时间的倒数，1/ΔT 显示在 CRT 上部。

C1-C2-TRK 按钮：光标 1，光标 2，轨迹可由此钮选择，按此钮将以下面次序选择光标。

C1：使光标 1 在 CRT 上移动（▼或▲符号被显示）

C2：使光标 2 在 CRT 上移动（▼或▲符号被显示）

TRK：同时移动光标 1 和 2，保持两个光标的间隔不变。（两个符号都被显示）

（6）VIRABLE：通过旋转或按 VARIABLE 按钮，可以设定光标位置，TEXT/ILLUM 功能。在光标模式中，按 VARIABLE 控制钮可以在 FINE（细调）和 COARSE（粗调）之间选择光标位置，如果旋转 VARIABLE，选择 FINE 调节，光标移动得慢，选择 COARSE 光标移动得快。

（7）SAVE/RECALL：此仪器包含 10 组稳定的记忆器，可用于储存和呼叫所有电子式选择钮的设定状态。按住 SAVE 按钮约 3 s 将状态存贮到记忆器，按住 RECALL 钮 3 s，即可呼叫先前设定状态。

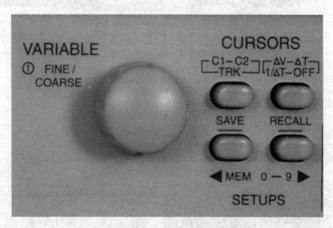

图 2-16　显示器控制

2.2.3　固纬 GOS-6031 型模拟示波器的使用步骤

使用固纬 GOS-6031 型模拟示波器时，首先打开电源开关，选择合适的触发控制（如：ATO），选择输入通道（CH1，CH2）、触发源（Trigger Source）和交直流信号（AC/DC）。接入信号后，使用 INTEN 调节波形亮度，使用 FOCUS 调节聚焦，用 POSITION 调节垂直和水平位置，用 VOLTS/DIV 调节波形 Y 轴档位，用 TIME/DIV 调节波形 X 轴档位，最后调节 TRIGGER LEVEL 和 HOLD OFF 使波形稳定。

在用示波器双通道观察波形相位关系时，CH1 和 CH2 应首先按下接地（GND），调节垂直 POSITION，使双通道水平基准一致。然后弹起 GND，再观察波形相位关系。

2.2.4 固纬 GOS-6031 型示波器的使用方法

1. 用数字示波器观测一个简单的信号的操作步骤

（1）打开示波器开关。

（2）观察探头的结构图，如图 2-17 所示。将探头插入 CH1/CH2 接口如图 2-18 所示，再将探头信号线测试钩连接测量电压的正极性端，探头地线接测量电压信号的负极性端。

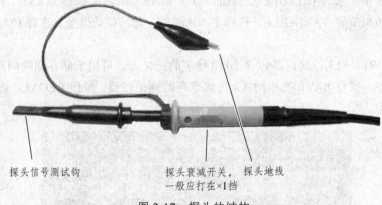

探头信号测试钩   探头衰减开关，探头地线
一般应打在×1挡

图 2-17 探头的结构

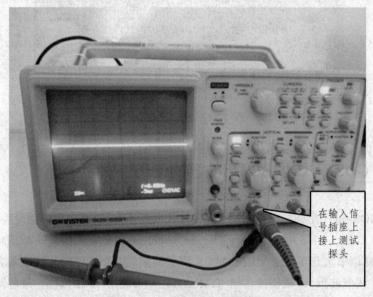

在输入信号插座上接上测试探头

图 2-18 探头与示波器连接图

（3）将探头衰减开关调整到×1档。选择信号输入的通道 CH1/CH2，点亮该指示按键。旋动 HORIZNTAL POSITION（水平位置）和该通道对应的 VERTICAL POSITION（垂直位置）使得示波器的屏幕上出现波形。再调整 TIME/DIV 使得屏幕上出现较为稳定的波形，最后旋动 LEVEL 旋钮使得控制面板上方 TRG 点亮，此时波形达到最佳状态，如图 2-19 所示。

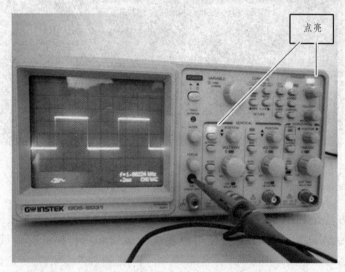

图 2-19　示波器上出现稳定的波形

★ 可能出现的问题：

如果波形为一条直线，则需要检查是否处于 GND 状态。观察示波器屏幕左下角，是否有可以接地标示，如果没有接地，则应再检查耦合方式，试图按下 AC/DC 键，更改耦合方式为 DC 耦合模式或 AC 耦合模式方式。

★ 自己动手做做：

示波器探棒补偿输出接口可以输出峰-峰值为 0.5 V，频率为 1 kHz 的方波，试用示波器观察该波形，具体步骤如下：

① 将探头信号线测试钩连接示波器探棒补偿输出接口。

② 将探头菜单衰减系数设定为 ×1。

③ 按上述的调试步骤使示波器获得稳定的方波。

2. 用数字示波器测量一个信号

示波器探棒补偿输出接口可以输出峰-峰值为 0.5 V，频率为 1 kHz 方波，下面讲解一下如何测量该波形的参数。获取信号方法前面已经介绍了，这里不再赘述。

第一种方法：直接观察示波器屏幕下方，已经显示了信号的重要参数。如图 2-20 所示。1 表示纵向每格电压为 2 V/10 的交流信号；2 表示频率为 1.002 43 kHz；3 表示横向每格时间为 2 ms/10；4 表示触发方式为：CH1 触发，交流耦合。

观察图 2-20 的波形，可以看出纵向占了 2.5 格，则可以计算出幅值为：2.5*2/10 = 0.5 V，横向信号周期占可 5 格，则可以计算出周期为：5*2/10 = 1 ms。

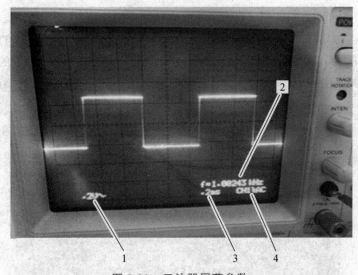

图 2-20　示波器屏幕参数

第二种测量方法是利用 CURSORS 进行测量。按下ΔV-ΔT-1/ΔT-OFF 按钮，屏幕上会出现光标虚线。通过按ΔV-ΔT-1/ΔT-OFF 按钮可以关光标虚线和进行横光标虚线和竖光标虚线的切换。

如果测量周期或时间，则首先按下ΔV-ΔT-1/ΔT-OFF 按钮使屏幕上出现竖光标虚线，按下 C1-C2-TRK 按钮，在光标虚线上方会出现▼符号，可以通过此按键使▼符号在两端切换。然后旋动 VARIABLE 旋钮，标示有▼符号的光标虚线会左右移动。如果轻轻拉出 VARIABLE 旋钮，可以进行粗调/细调切换。将光标虚线移至需要测量信号的两端，屏幕上方将显示所用时间，如图 2-21 所示该信号周期为 1.024 ms。

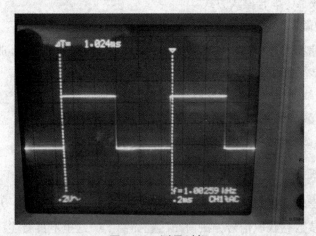

图 2-21　测量时间

如果测量幅值或两点间电压差，则首先按下ΔV-ΔT-1/ΔT-OFF 按钮使屏幕上出现横光标虚线，按下 C1-C2-TRK 按钮，在光标虚线上方会出现▼符号，可以通过此按键进行▼符号在两端切换。然后旋动 VARIABLE 旋钮，标示有▼符号的光标虚线会上下移动。将光标虚线移至需要测量信号的两端，屏幕上方将显示电压差，如图 2-22 所示压差为 0.512 V。

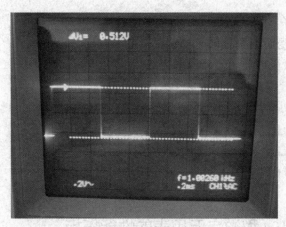

图 2-22　测量压差

2.3　EONE VC104 型数字万用表

我校数字电路实验选用的万用表为 EONE VC104 型数字万用表。它是一款工程专用的万用表，具有 TTL 逻辑笔及检流计/温度测量与火线判别功能。如图 2-23 所示。

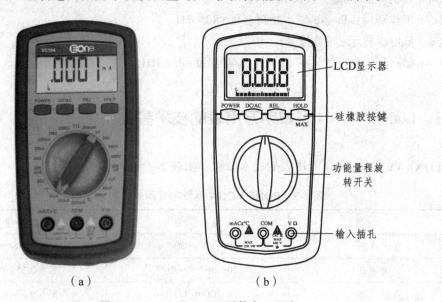

（a）　　　　　　　　　　　（b）

图 2-23　EONE VC104 型数字万用表

2.3.1　EONE VC104 型数字万用表的特征

EONE VC104 型数字万用表的特征如下：

（1）首创自复式电子保护，免更换保险管；

（2）防溅泼水，防尘密封结构，防 1.5 m 跌落设计；

（3）带有模拟棒条显示，直观反映信号变化趋势；

（4）独特的 TTL 逻辑判别并同时显示逻辑电平；

（5）20 μA 直流检流计功能，分辨率达 2 nA；

（6）20 Ω小电阻量程，可测量 1 MΩ以上电阻；

（7）带温度测量功能，配带 K 型温度传感器；

（8）相对值测量，对消除引线电阻或干扰信号十分有用；

（9）具有 10 min 自动关机和操作中自动选择不关机；

（10）符合 CAT-Ⅲ 600 V 国际标准，安全提示与告警。

2.3.2 EONE VC104 型数字万用表的性能指标

EONE VC104 型数字万用表的性能指标如下：

（1）显示：LCD 显示，字高 18 mm，最大显示 19 999，21 段模拟棒条及单位符号；

（2）采样速率：2.5 次/秒；

（3）电源：9 V 叠层电池一只，型号 NEDA1604 或 6F22；

（4）整机静态电流：<9 mA；

（5）工作环境：0 ~ 40 ℃，相对温度<80%RH；

（6）低电压提示：⊟ 符号；

（7）储存环境：－10 ~ ＋50 ℃，相对湿度<85%RH。

2.3.3 EONE VC104 型数字万用表的技术参数

EONE VC104 型数字万用表的技术参数，如表 2-2 所示。

表 2-2　EONE VC104 型数字万用表的技术参数

功　能	量程范围	基本不确定度
直流电压	200 mV ~ 600 V	±（0.2%＋3 d）
交流电压	200 mV ~ 600 V	±（0.5%＋3 d）
直流电流	2 ~ 200 mA/10 A	±（0.8%＋3 d）
交流电流	2 ~ 200 mA/10 A	±（1.2%＋3 d）
电　阻	20 Ω ~ 20 MΩ	±（0.5%＋3 d）
电　容	200 nF ~ 200 μF	±（2.5%＋5 d）
检 流 计	20 μA ~ 0 ~ ＋20 μA	±（2.5%＋3 d）
TTL	0 ~ 20 V	±（1.5%＋3 d）
温　度	－20 ~ 400 ℃	±（1.0%＋5 d）

2.3.4　EONE VC104 型数字万用表的使用方法

1. 基本步骤

（1）轻触 POWER 键，听到"嘀"声松开按键，此时 LCD 全显一次转为正常显示，观察显示器上是否有符号 出现，如有说明电池电压已经低于正常值，不确定度将会受到影响，此时应及时更换电池，有时电池电压过低不能开机。

（2）检查表笔是否接触良好，表笔探棒与电线连接部位绝缘是否良好，表笔插座及量程位置是否有误。

（3）本机有 10 min 自动关机功能。使用中当量程改变或按键动作，自动关机顺延 10 min，关机前 6 s 有蜂鸣提示，电压量程输入超过 2 V 和测频不会自动关机。轻触 POWER 键，超过 2 s，听到"嘀"声松开按键即可关机（关机时不能按其他按键）。

（4）关断电源时，轻触 POWER 键超过 2 s，听到"嘀"声松开按键即可（关机时其他按键不能按下）。

2. 电压测量/火线判别（见图 2-24）

（1）测量前请确定是直流还是交流，通过旋转量程开关来选择，交流状态时 LCD 显示"AC"符号。

（2）红表笔插在"V/Ω"端，黑表笔插在"COM"端。

（3）红黑表笔并联到被测线路，读取显示值，红表笔所接该点为负时，LCD 显"－"符号（直流正或交流不显示）

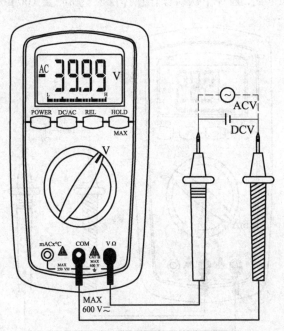

图 2-24　电压测量/火线判别

（4）火线判别：在 AC 400 V/600 V 档，操作者用手紧握黑色表笔线，同时将红色表笔探针插入被测火线端点，蜂鸣发声三次，红色表笔所触及端点为火线端。如被测两端都没反应，且 LCD 显示感应电压小于 4 V 时，可将黑色表笔线在手中多缠绕几圈，仍无感应电压则火线断路。

注意事项：

当被测电压高于 600 V AC/DC 时，蜂鸣器发声告警。交流电压挡或直流电压挡（<40 V 量程）在开路状态下，有数字显示是正常的，不影响测量。

当瞬间高压高于 1 000 V（DC/AC）时（600 V 档）LCD 会显示"OL"。

3. 电流测量（见图 2-25）

（1）测量前请确定是直流还是交流，通过 DC/AC 按键来选择，交流状态时 LCD 显示"AC"符号。

（2）根据测量范围，通过旋转开关选择量程。

（3）红表笔插在"mA"端输入孔，黑表笔插在"COM"端。

（4）如果事先未知电流大小范围，请先选择最大量程（200 mA），然后再衰减量程。

（5）红黑表笔串联到被测线路，读取显示值，红表笔所接该点为负时，LCD 显"–"符号。

注意事项：

当量程选择在 mA 档，而表笔错插在 V/Ω 输入孔，仪表将无法测量。在每次测量结束后应及时将表笔插在 V/Ω 位置，避免下次误操作损坏仪表。在测量 100 mA 电流时，不超过 20 s。

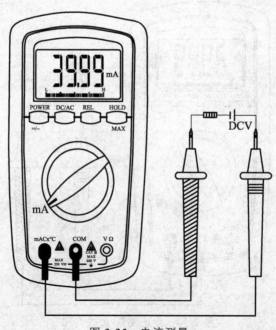

图 2-25　电流测量

4. 电阻测量（见图 2-26）

（1）旋转开关选择电阻量程档。

（2）红表笔插入 V/Ω输入端，黑表笔插入 COM 输入端。

（3）红黑表笔跨接在被测电阻两端，读取显示值。

（4）在小电阻测量时，可以选择 REL 功能将引线电阻消除再测量。

注意事项：

测量中如果显示"OL"这时应选择高量程进行测量，在测量高于 1 MΩ电阻时，读数需数秒时间才能稳定，这在测量高阻时是正常的。在电阻量程档范围内不要误测到电源上，以免损坏仪表，如果误测到电源上，则 LCD 显示 OL，应马上停止测量。在 40 Ω量程起始电阻较大时，虽然按相对值方式能消除，但会影响高端测量不确定度。

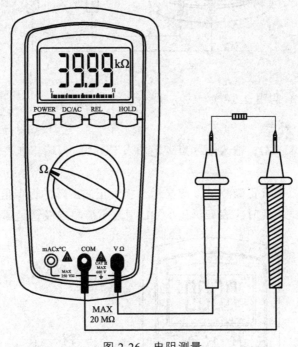

图 2-26　电阻测量

5. 通断测试（见图 2-27）

（1）旋转开关选择 400 Ω 档。

（2）红表笔插入 V/Ω 输入端，黑表笔插入 COM 输入端。

（3）通断测试，如果有蜂鸣声发出，说明红黑表笔间的阻值约小于 70 Ω，如果测试值在临界状态蜂鸣会再次发声。

注意事项：

请勿在此档测电压信号。通断测试时，表笔一定要可靠接触，否则会有错误判断。如果测试线路，则被测线路必须断开电源，所连电容必须放电。

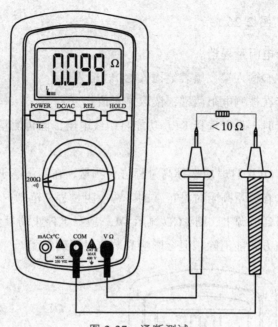

图 2-27　通断测试

6. 二极管测试（见图 2-28）

（1）旋转开关置 ⊬ 档。

（2）将红表笔插入 V/Ω；输入端，黑表笔插入 COM 输入端（红表笔极性为正）。

注意：

先用红表笔连接二极管正极测试，应显示二极管正向压降的近似值；如显示 OL 则再用黑表笔连接二极管测试，此时仪表如仍显示 OL 则说明被测二极管是坏的。

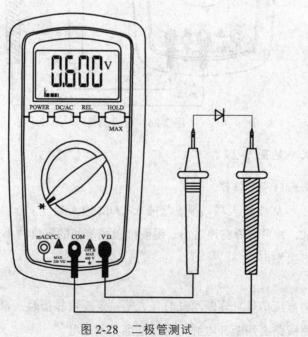

图 2-28　二极管测试

7. 电容测量（见图 2-29）

（1）旋转开关选择电容档。

（2）红表笔插入 mA ℃ Cx 输入端，黑表笔插入 COM 输入端（表笔均无极性）。

（3）红黑表笔跨接在被测电容两引脚，读取显示值，测大电容时，读数需数秒时间才能稳定。

（4）如果被测电容的电容值超过所选择量程，会显示"OL"，此时应选择高量程进行测试。

注意事项：

测大电容前，电容必须放电，否则影响测量精度并可能损坏仪表。在 400 μF 档，测量短路时 LCD 显示闪烁或不显示 OL，表示电池不能提供足够的测试电流，400 μF 以上的大电容测量将不准确或无法测量。此表不适用测量模拟电容量。

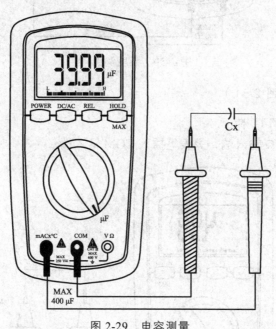

图 2-29　电容测量

8. 温度测量（见图 2-30）

（1）旋转开关选择温度挡，如果测量环境温度，需外接 K 型温度传感器。

（2）将 K 型热电偶正极插入 mA ℃ 输入端，负极插入 COM 输入端，探头接触到被测物体或液体，读取显示值。

（3）当环境温度发生变化时或自恢复电路发生保护后，仪表内置稳定需要 30 min，温度测量才准确。

注意事项：

当被测温度大于 400 ℃ 时，须选择测温范围内传感器，仪表读数仅供参考。禁止使用 K 型温度传感器触及带有高压的被测物体，避免由此对操作者带来伤害或对仪表造成损坏。

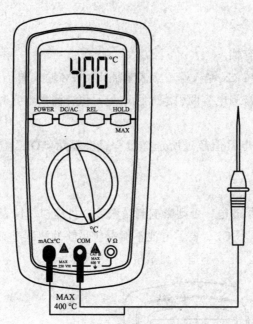

图 2-30　温度测量

9. TTL 测量（见图 2-31）

（1）旋转开关打到 TTL 档。

（2）红表笔插入 V/Ω 输入端，黑表笔插入 COM 输入端。

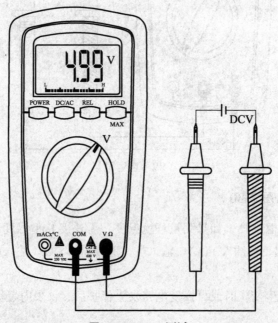

图 2-31　TTL 测试

（3）将黑表笔连接被测试电路负端，红表笔连接被测试电路正端。

（4）如被测电路高电平时（>3 V），模拟棒条以中间为界，右边全显（H）LCD 同时显示被测试逻辑电平（>3 V，<20 V）；如被测电路低电平时（<1 V），模拟棒条以中间为界，左边全显（L）LCD同时显示被测试逻辑电平（>0 V，<1 V）；

（5）当被测电平>1 V和<3 V时模拟棒条不显示，LCD仅显示被测电平值。

注意事项：

测量中如显示"OL"表明输入电压>20 V；测量中如出现"－"或"－OL"，逻辑判断为低电平；测量功能时DC/AC键不响应。

10. 相对值测量

在测量过程中发现引线电阻、杂散电容或干扰信号对测量结果产生影响，可运用相对值测量功能。轻触REL键LCD显示为"0"同时显示Δ符号，测量读数为仪表减去起始读数而获得结果。如果起始信号跳字不稳定，轻触REL键后显示不完全为零是正常的，测量结果后，LCD读数要对应减去跳字数值。测量相对值时LCD显示的结果是二次测量结果之差，如第二次测量比第一次测量值小，LCD显示"－"号，再次轻触REL键则取消此功能。

11. 数据保持

测量中遇到不方便读数，需将测量结果记录在LCD屏幕上，轻触HOLD键听到"嘀"声，CPU自动将数据保持下来。在保持状态下，模拟棒条将不被保持，如有输入，仍反映信号变化趋势，同时DC/AC和REL键不起作用。在此轻触HOLD键，取消数据保持功能。

12. 最大值记录（MAX）

测量中经常需要记录被测信号的最大值。轻触HOLD键超过3 s，当LCD右下角出现"P"符号时，松开按键，仪表进入最大值记录状态。测量信号经A/D采样由CPU进行比较，LCD仅保留显示测量过程中的最大值，再次轻触HOLD键或改变量程，则退出最大值记录状态，在相对值测量时或被测信号瞬间大于量程值，无法进行最大值记录。

3 数字逻辑实验

实验 1 常用电子仪器的使用

1．预习要求

（1）阅读第 1 章中有关数字实验箱、示波器和万用表使用的相关内容。

（2）按实验内容要求画好记录数据的表格。

2．实验目的

（1）了解数字实验箱的使用方法。

（2）掌握示波器和万用表的使用方法。

3．实验器材

实验器材明细如表 3-1 所示。

表 3-1 实验器材明细表

序号	器材名称	功能说明	数 量	备 注
1	示波器		1 台	
2	万用表		1 台	

4．实验原理

在数字电子电路实验中，经常使用的电子仪器有示波器和万用表。利用它们可以完成数字电子电路的静态和动态工作情况的测试。

1）示波器

示波器是一种用途广泛的电子测量仪器，它可直观地显示随时间变化的电信号图像，如电压波形，并可测量电压的幅度、频率、相位等。示波器的特点是直观，灵敏度高，对被测电路的工作状态影响小。

2）万用表

万用表又叫多用表、三用表、复用表，是一种多功能、多量程的测量仪器，一般万用表可测量直流电流、直流电压、交流电压、电阻和音频电平等，有的还可测量交流电流、电容量、电感量及半导体的一些参数（如 β）。

5. 实验内容

1）示波器的使用

（1）测量示波器内的校准信号。

用机内校准信号（方波 $f = 1\ \text{kHz} \pm 2\%$，电压幅度（$1\ \text{V} \pm 30\%$）对示波器进行自检。

① 调出波形。

将示波器的显示方式开关置于"单踪"显示（Y1 或 Y2），输入耦合方式开关置"GND"，触发方式开关置于"自动"。开启电源开关后，调节"辉度""聚焦""辅助聚焦"等旋钮，使荧光屏上显示一条细而且亮度适中的扫描基线。然后调节"X 轴位移"（⇌）和"Y 轴位移"（↕）旋钮，使扫描线位于屏幕中央，并且能上下左右移动。

将示波器的"校正信号"通过专用电缆线引入选定的 Y 通道（Y1 或 Y2），将 Y 轴输入耦合方式开关置于"AC"或"DC"，触发源选择开关置"内"，内触发源选择开关置"Y1"或"Y2"。调节 X 轴"扫描速率"开关（T/DIV）和 Y 轴"输入灵敏度"开关（V/DIV），使示波器显示屏上显示出一个或数个周期稳定的方波波形。

② 测量校准信号幅度。

将"Y 轴灵敏度"微调旋钮置"校准"位置，"Y 轴灵敏度"开关置适当位置，读取校正信号幅度，记入表 3-2。

③ 测量校准信号频率。

将扫描微调旋钮置"校准"位置，扫描开关置适当位置，读取校正信号周期，并用数字频率计进行校核，记入表 3-2。

④ 测量校准信号的上升时间和下降时间。

调节"Y 轴灵敏度"开关位置及微调旋钮，并移动波形，使方波波形在垂直方向上正好占据中心轴上，且上、下对称。通过扫速开关逐级提高扫描速度，使波形在 X 轴方向扩展（必要时可利用"扫速扩展"开关将波形再扩展 10 倍），并同时调节触发电平旋钮，从荧光屏上读出上升时间和下降时间，记入表 3-2。

表 3-2   校准信号值

	标 准 值	实 测 值
幅度 Up-p / V	1 V	
频率 f / kHz	1 kHz	
上升沿时间/ μs	≤2 μs	
下降沿时间/ μs	≤2 μs	

（2）测量实验箱产生的脉冲信号。

打开实验箱电源，将固定脉冲信号接入示波器，示波器与试验箱共地，观察脉冲信号，并与试验箱数字频率计所测的数字比较。记入表3-3。

表 3-3　脉冲信号值

实验箱 固定脉冲	1 （kHz）	2 （kHz）	10 （kHz）	20 （kHz）	2 （MHz）
实验箱 数字频率计					
示波器 实测值					

2）万用表的使用

按图 3-1 接线，调节电位器，用万用表测量电压 V_1、V_2 和电阻 R_1、R_2，记入表3-4。

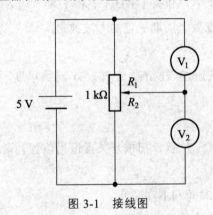

图 3-1　接线图

表 3-4　万用表测量值

V_1/V					
V_2/V					
R_1/Ω					
R_2/Ω					

6. 实验报告

（1）整理实验数据，并进行分析。

（2）用坐标纸绘制示波器观察的波形，并标识出参数。

7. 思考题

（1）用万用表如何判断三极管的管脚？

（2）用示波器如何观测李萨如波形？

实验 2　TTL 集成逻辑门参数的测试

1. 预习要求

（1）复习 TTL 与非门有关内容。

（2）按实验内容要求画好记录数据的表格。

2. 实验目的

（1）了解 TTL 集成与非门的基本性能和使用方法。

（2）掌握门电路逻辑功能的测试方法。

（3）掌握 TTL 集成与非门主要参数的测试方法。

3. 实验器材

实验器材明细如表 3-5 所示。

表 3-5　实验器材明细表

序号	器材名称	功能说明	数量	备注
1	74LS00	四组 2 输入端与非门	1 片	
2	万用表		1 台	

4. 实验原理

　　TTL 集成与非门是数字电路中广泛使用的一种逻辑门，本实验采用四组 2 输入与非门 74LS00，在一块集成块内含有四个独立的与非门，每个与非门有二个输入端。74LS00 内部逻辑图、逻辑符号和引脚排列图如图 3-2 所示。

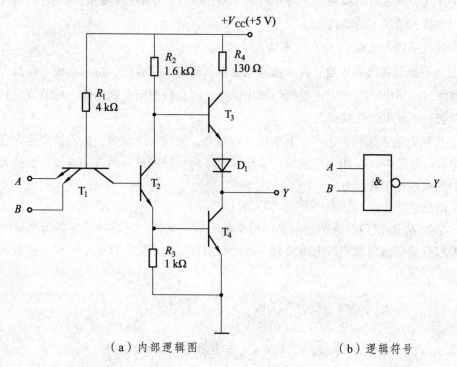

（a）内部逻辑图　　　　　　　　　　　　（b）逻辑符号

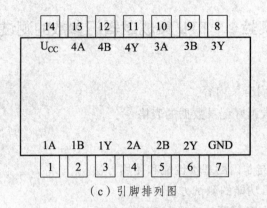

（c）引脚排列图

图 3-2　74LS00 逻辑图、逻辑符号及引脚排列图

1）TTL 与非门的逻辑功能

与非门的工作原理：当 A、B 中有低电平时，T_2、T_4 截止，T_3、D_1 导通，输出高电平；当 A、B 都为高电平时，T_2、T_4 导通，T_3、D_1 截止，输出低电平。所以与非门逻辑功能是：当输入端有一个或一个以上的低电平时，输出端为高电平；只有输入端全部为高电平时，输出端才是低电平（即有"0"得"1"，全"1"得"0"）。其逻辑表达式为 $F = \overline{A \cdot B}$。

2）TTL 与非门的主要参数

（1）导通电源电流 I_{CCL} 和截止电源电流 I_{CCH}。

与非门在不同的工作状态，电源提供的电流是不同的。I_{CCL} 是指输出端空载，所有输入端全部悬空，与非门处于导通状态，电源提供器件的电流。I_{CCH} 是指输出端空载，输入端至少有一个接地，其余输入端悬空，与非门处于截止状态，电源提供的电流。它们的大小标志着与非门在静态情况下的功耗大小。

（2）低电平输入电流 I_{IL} 和高电平输入电流 I_{IH}。

I_{IL} 是指当被测输入端接地，其余输入端悬空，输出端空载时，由被测输入端流出的电流值。在多级门电路中，I_{IL} 相当于前级门输出低电平时，后级向前级门灌入的电流，它的大小关系到前级门的灌电流负载能力。

I_{IH} 是指被测输入端接高电平，其余输入端接地，输出端空载时，流入被测输入端的电流值。在多级门电路中，I_{IH} 相当于前级门输出高电平时，前级流向后级的电流，它的大小关系到前级门的拉电流负载能力。

（3）扇出系数 N_O。

扇出系数 N_O 是指门电路驱动同类门的个数，它是衡量门电路带负载能力的一个参数，TTL 与非门有灌电流负载和拉电流负载，因此有两种扇出系数，即低电平扇出系数 N_{OL} 和高电平扇出系数 N_{OH}。

$$N_{OL} = \frac{I_{OL}}{I_{IL}} \qquad N_{OH} = \frac{I_{OH}}{I_{IH}}$$

通常 $I_{IH} < I_{IL}$，则 $N_{OH} > N_{OL}$，故常以 N_{OL} 作为门的扇出系数。

（4）电压传输特性。

与非门的输出电压 U_O 随输入电压 U_i 而变化的曲线称为电压传输特性曲线。它是门电路的重要特性之一，通过它可知道与非门的一些重要参数，如输出高电平 U_{OH}、输出低电平 U_{OL}、关门电平 U_{off}、开门电平 U_{on}、阈值电平 U_T、抗干扰容限 U_{NL}、U_{NH} 等。

（5）平均传输延迟时间 t_{pd}。

与非门的平均传输延迟时间是指一个矩形脉冲从输入端输入，经过门电路再从其输出端输出所延迟的时间，它是衡量门电路开关速度的参数。平均传输延迟时间 t_{pd} 定义为

$$t_{pd} = \frac{t_{pdL} + t_{pdH}}{2}$$

其中，t_{pdL} 为导通延迟时间，t_{pdH} 为截止延迟时间。

3）74LS00 主要参数

表 3-6　74LS00 主要参数

参数名称	符号	规范值	单位	测　试　条　件
通导电流	I_{CCL}	<14	mA	V_{CC} = 5 V，输入端悬空，输出端空载
截止电流	I_{CCH}	<7	mA	V_{CC} = 5 V，输入端接地，输出端空载
低电平输入电流	I_{IL}	≤1.4	mA	V_{CC} = 5 V，被测输入端接地，其他输入端悬空，输出端空载
高电平输入电流	I_{IH}	<50	μA	V_{CC} = 5 V，被测输入端 V_{in} = 2.4 V，其他输入端接地，输出端空载
		<1	mA	V_{CC} = 5 V，被测输入端 V_{in} = 5 V，其他输入端接地，输出端空载
输出高电平	V_{OH}	≥3.4	V	V_{CC} = 5 V，被测输入端 V_{in} = 0.8 V，其他输入端悬空，I_{OH} = 400 μA
输出低电平	V_{OL}	<0.3	V	V_{CC} = 5 V，输入端 V_{in} = 2.0 V，I_{OL} = 12.8 mA
扇出系数	N_O	4～8	V	同 V_{OH} 和 V_{OL}
平均传输延迟时间	t_{pd}	≤20	ns	V_{CC} = 5 V，被测输入端输入信号：V_{in} = 3.0 V，f = 2 MHz

5. 实验内容

1）验证 74LS00 的逻辑功能

把 74LS00 输入端 A、B 接逻辑开关，输出端 Y 接电平输出。按表 3-7 要求改变 A、B 状态，观察 Y 状态变化，测试结果记入表 3-7。

表 3-7　测试结果

1A	1B	1Y	2A	2B	2Y	3A	3B	3Y	4A	4B	4Y
0	0		0	0		0	0		0	0	
0	1		0	1		0	1		0	1	
1	0		1	0		1	0		1	0	
1	1		1	1		1	1		1	1	

2）74LS00 主要参数的测试

（1）导通电源电流 I_{CCL}。

按图 3-3（a）接线，测试结果记入表 3-8 中。

（2）截止电源电流 I_{CCH}。

按图图 3-3（b）接线，测试结果记入表 3-8 中。

（3）低电平输入电流 I_{IL}。

按图图 3-3（c）接线，测试结果记入表 3-8 中。

（4）高电平输入电流 I_{IH}。

按图图 3-3（d）接线，测试结果记入表 3-8 中。

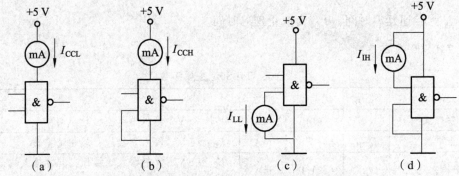

(a)　　　　　(b)　　　　　(c)　　　　　(d)

图 3-3　TTL 与非门静态参数测试电路图

表 3-8　测试结果

I_{CCL} /mA	I_{CCH} /mA	I_{IL} /μA	I_{IH} /μA	I_{OL} /mA	$N_{OL} = \dfrac{I_{OL}}{I_{IL}}$	$t_{pd} = \dfrac{T}{6}$（ns）

（5）扇出系数 N_O。

按图 3-4 接线，调节电位器使 $V_{OL} = 0.4$ V，测量 I_{OL}，并计算 N_{OL}，记入表 3-8 中。

（6）电压传输特性。

按图 3-5 接线，调节电位器，使 V_i 从 0 V 向高电平变化，逐点测量 V_i 和 V_O 的对应值，记入表 3-9 中。

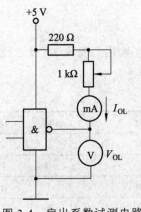

图 3-4　扇出系数试测电路

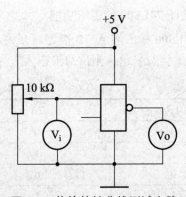

图 3-5　传输特性曲线测试电路

表 3-9　V_i、V_O 对应值

U_i/V								
U_O/V								

（7）平均传输延迟时间 t_{pd}。

按图 3-6 接线，用示波器或频率计测出输出电压 u_o 的周期 T，并计算 t_{pd}，记入表 3-8 中。

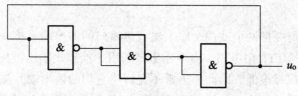

图 3-6　测量输出电压 u_o

6. 实验报告

（1）记录、整理实验结果。

（2）把测得的 74LS00 与非门各参数与它的规范值进行比较。

（3）用坐标纸画出电压传输特性曲线，并标出各有关参数值。

7. 思考题

（1）为什么 TTL 与非门的输入端悬空相当于输入逻辑"1"电平？

（2）TTL 或非门多余端如何处理？

（3）如何用示波器观察电压传输特性曲线？

实验 3　TTL 集电极开路门与三态输出门的应用

1. 预习要求

（1）复习 TTL 集电极开路门与三态门的基本工作原理；

（2）按实验内容要求画好记录数据的表格。

2. 实验目的

（1）TTL 集电极开路门（OC 门）的逻辑功能及应用；

（2）集电极负载电阻 R_L 对集电极开路门的影响；

（3）TTL 三态门（TSL 门）的逻辑功能及应用。

3. 实验器材

实验器材明细如表 3-10 所示。

表 3-10　实验器材明细表

序号	器材名称	功能说明	数量	备注
1	74LS03	四组 2 输入与非 OC 门	1 片	
2	74LS125	三态四总线缓冲器	1 片	
3	74LS04	六反相器	1 片	
4	示波器		1 台	
5	万用表		1 台	

4. 实验原理

数字系统中有时需要把两个或两个以上集成逻辑门的输出端直接并接在一起完成一定的逻辑功能。对于普通的 TTL 门电路，由于输出级采用了推拉式输出结构，无论输出是高电平还是低电平，输出阻抗都很低。因此，通常不允许将它们的输出端并接在一起使用。集电极开路门和三态输出门是两种特殊的 TTL 门电路，它们允许把输出端直接并接在一起使用。

1）集电极开路门（OC 门）

（1）OC 门逻辑功能。

本实验所用 OC 门型号为四组 2 输入与非门 74LS03，内部逻辑图、逻辑符号和引脚排列图如图 3-7 所示。

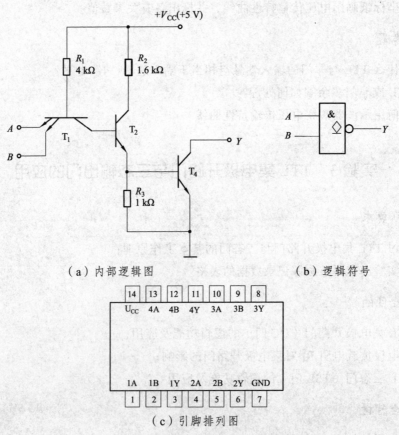

（a）内部逻辑图　　　　　　　　（b）逻辑符号

（c）引脚排列图

图 3-7　OC 门逻辑图、逻辑符号及引脚排列图

OC 门的输出管 T_4 是悬空的，工作时，输出端必须通过一个外接电路 R_L 和电压 V_{CC} 相连接，以保证输出电压符合电路要求。

OC 门的工作原理：当 A、B 中有低电平时，T_2、T_4 截止，输出 Y 通过外接电路 R_L 和电压 V_{CC} 相接，输出高电平；当 A、B 都为高电平时，T_2、T_4 导通，输出 Y 通过 T_4 和地相接，输出低电平。其逻辑表达式为 $F = \overline{AB}$。

（2）OC 门应用。

① 利用电路的"线与"特性方便地完成某些特定的逻辑功能。

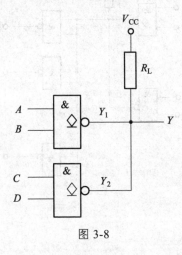

图 3-8

由图可知，$Y_1 = \overline{AB}$，$Y_2 = \overline{CD}$。只要 Y_1、Y_2 中有低电平，Y 就为低电平；Y_1、Y_2 同时为高电平时，Y 才为高电平，即 Y 与 Y_1、Y_2 的关系为"与"。所以：

$$Y = Y_1 \cdot Y_2 = \overline{AB} \cdot \overline{CD} = \overline{AB + CD}$$

线与就是用两个（或两个以上）OC 与非门完成"与或非"的逻辑功能。

② 实现多路信息采集，使两路以上的信息共用一个传输通道（总线）。

③ 实现逻辑电平的转换，以推动荧光数码管、继电器、MOS 器件等多种数字集成电路。

（3）外接电路 R_L 的选择。

图 3-9 所示电路由 n 个 OC 与非门"线与"驱动有 m 个输入端的 N 个 TTL 与非门，为保证 OC 与非门输出电平符合逻辑要求，负载电路 R_L 阻值的选择范围为

$$R_{Lmin} = \frac{V_{CC} - V_{OLmax}}{I_{OL} - NI_{IL}} \qquad R_{Lmax} = \frac{V_{CC} - V_{OHmin}}{nI_{OH} + mI_{IH}}$$

式中　V_{OLmax}——OC 门输出低电平 V_{OL} 的最大值；

V_{OHmix}——OC 门输出高电平 V_{OH} 的最小值；

I_{OH}——OC 门输出管截止时（输出高电平 V_{OH}）的漏电流（约 50 μA）；

I_{OL}——OC 门输出低电平 V_{OL} 时，允许最大灌入负载电流（约 20 mA）；

I_{IH}——负载门高电平输入电流（< 50 μA）；

I_{IL}——负载门低电平输入电流（< 1.6 mA）；

V_{CC}——R_L外接电源电压；

n——OC门的个数；

m——负载门输入端总个数；

N——负载门的个数。

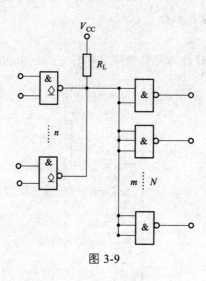

图 3-9

2）三态输出门（TSL门）

（1）TSL门逻辑功能。

TTL三态输出门是一种特殊的门电路，它与普通的TTL门电路结构不同，它的输出端除了高电平、低电平两种状态外（这两种状态均为低阻状态），还有第三种输出状态——高阻状态，处于高阻状态时，电路与负载之间相当于开路。

三态门内部原理图及逻辑符号如图3-10所示。

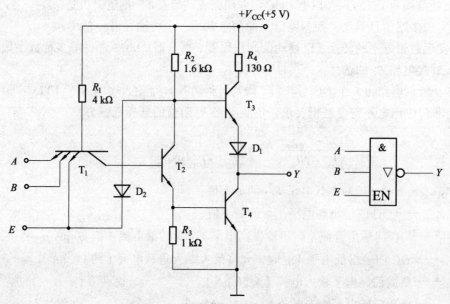

图 3-10　三态门内部原理图及逻辑符号

三态门工作原理：

① $E = 0$ 时，二极管 D_2 导通，T_3、T_4 均截止，输出端开路，电路处于高阻状态。

② $E = 1$ 时，二极管 D_2 截止，TSL 门的输出状态取决于输入信号 A 和 B 的状态，电路输出与输入的逻辑关系和与非门相同。

74LS125 是三态输出四总线缓冲器，图 3-11 是三态输出四总线缓冲器的逻辑符号和引脚排列图，它有一个控制端（又称禁止端或使能端）$\overline{E}$，$\overline{E} = 0$ 为正常工作状态，实现 $Y = A$ 的逻辑功能；$\overline{E} = 1$ 为禁止状态，输出 Y 呈现高阻状态。这种在控制端加低电平时电路才能正常工作的工作方式称低电平使能。表 3-11 为功能表。

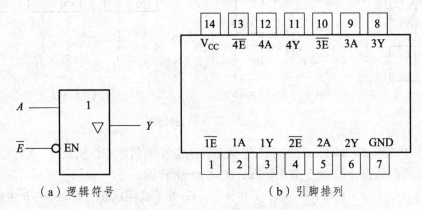

（a）逻辑符号 　　　　　　（b）引脚排列

图 3-11　74LS125 三态输出四总线缓冲器逻辑符号及引脚排列

表 3-11　74LS125 的功能表

输入		输出
$\overline{E}$	A	Y
0	0	0
	1	1
1	0	高阻态
	1	

（2）TSL 门的应用。

例 1：实现线或，如图 3-12。

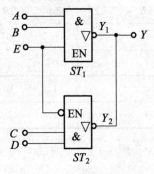

图 3-12　实现线或

① $E = 0$ 时，ST_1 处于高阻状态，ST_2 处于工作状态，$Y = Y_2 = \overline{CD}$；

② $E = 1$ 时，ST_2 处于高阻状态，ST_1 处于工作状态，$Y = Y_1 = \overline{AB}$。

所以：$Y = \overline{E} \cdot \overline{CD} + E \cdot \overline{AB}$

例 2：实现数据传输控制，如图 3-13。

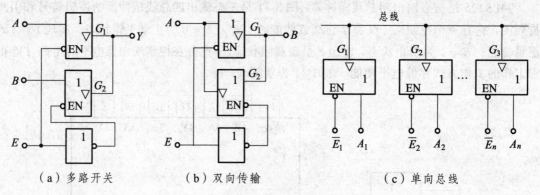

（a）多路开关　　　　　（b）双向传输　　　　　（c）单向总线

图 3-13　实现数据传输

图（a）中，当 $E = 0$ 时，G_1 处于工作状态，G_2 处于高阻状态，实现 $A \rightarrow Y$ 传输；当 $E = 1$ 时，G_1 处于高阻状态，G_2 处于工作状态，实现 $B \rightarrow Y$ 传输。

图（b）中，当 $E = 0$ 时，G_1 处于工作状态，G_2 处于高阻状态，实现 $A \rightarrow B$ 传输；当 $E = 1$ 时，G_1 处于高阻状态，G_2 处于工作状态，实现 $B \rightarrow A$ 传输。

图（c）中，当 $\overline{E_1} = 0$，$\overline{E_2} = 1$，$\cdots \overline{E_n} = 1$ 时，G_1 处于工作状态，G_2，$\cdots G_n$ 处于高阻状态，数据 A_1 送到总线；当 $\overline{E_1} = 1$，$\overline{E_2} = 0$，$\cdots \overline{E_n} = 1$ 时，G_2 处于工作状态，G_1，$\cdots G_n$ 处于高阻状态，数据 A_2 送到总线；当 $\overline{E_1} = 1$，$\overline{E_2} = 1$，$\cdots \overline{E_n} = 0$ 时，G_n 处于工作状态，G_1、$G_2 \cdots$ 处于高阻状态，数据 A_n 送到总线。

5. 实验内容

（1）测试 74LS03 的逻辑功能。

把 74LS03 输入端 A、B 接逻辑开关，输出端 Y 接电平输出。按表 3-12 要求改变 A、B 状态，观察 Y 状态变化，测试结果记入表 3-12。

表 3-12　测试结果

$1A$	$1B$	$1Y$	$2A$	$2B$	$2Y$	$3A$	$3B$	$3Y$	$4A$	$4B$	$4Y$
0	0		0	0		0	0		0	0	
0	1		0	1		0	1		0	1	
1	0		1	0		1	0		1	0	
1	1		1	1		1	1		1	1	

（2）按图 3-14 接线，$V_{CC} = 5\ \text{V}$，$R_L = 1\ \text{k}\Omega$，测试 Y 与 A、B、C、D 的逻辑关系，实验结果记入表 3-13 中。

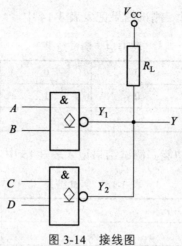

图 3-14　接线图

表 3-13　实验结果

输入	A	0	0	0	0	0	0	0	0	1	1	1	1	1	1	1	1
	B	0	0	0	0	1	1	1	1	0	0	0	0	1	1	1	1
	C	0	0	1	1	0	0	1	1	0	0	1	1	0	0	1	1
	D	0	1	0	1	0	1	0	1	0	1	0	1	0	1	0	1
输出	Y																

（3）外接电阻 R_L 的确定。

用两个集电极开路与非门"线与"使用驱动一个 TTL 非门（74LS04），电路如图 3-15 所示。输入 A、B、C、D 接逻辑开关，改变输入状态，使输出 U_O 为高电平，调节电位器使 $U_O = 3.5\ \text{V}$，测得此时的 R_L 即为 R_{Lmax}；再改变输入状态，使输出 U_O 为低电平，调节电位器使 $U_O = 0.3\ \text{V}$，测得此时的 R_L 即为 R_{Lmin}。

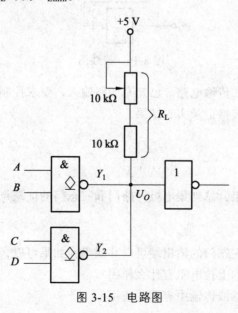

图 3-15　电路图

（4）用 OC 门实现异或逻辑。测试结果记入表 3-14 中。

表 3-14　测试结果

输入	A	0	0	1	1
	B	0	1	0	1
输出	Y				

（5）测试 74LS125 的逻辑功能。测试结果记入表 3-15 中。

表 3-15　测试结果

输　　入		输　　出
$\overline{E}$	A	Y
0	0	
	1	
1	0	
	1	

（6）按图 3-16 接线，A 端输入 1 kHz 的脉冲，B 端输入 5 kHz 的脉冲，用示波器观察在 $E = 0$ 和 $E = 1$ 的时候输出的波形。

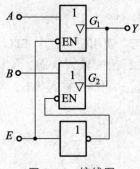

图 3-16　接线图

（7）设计一个单向总线传输电路。已知有四路输入，要求控制四个控制端子，保证数据在总线上顺利传输，自拟表格记录实验结果。

6. 实验报告

（1）画出实验原理图；
（2）整理分析实验结果，总结集电极开路门和三态门的优缺点。

7. 思考题

（1）集电极开路门与三态门的输出端可以并联吗？如果可以，需要那些条件？
（2）集电极开路门中的上拉电阻有什么作用？
（3）三态门在数据的总线传输中有哪些应用？

实验4　CMOS 集成逻辑门的参数测试

1. 预习要求

（1）复习 CMOS 与非门有关内容，阅读 CMOS 电路使用规则；

（2）按实验内容要求画好记录数据的表格。

2. 实验目的

（1）熟悉 CMOS 与非门的引脚排列和引脚功能；

（2）了解 CMOS 与非门的基本性能和使用方法；

（3）掌握 CMOS 与非门参数的测量方法。

3. 实验器材

实验器材如表 3-16。

表 3-16　实验器材明细表

序号	器材名称	功能说明	数量	备注
1	74HC00	两输入端四与非门	1 片	
2	数字万用表		1 台	

4. 实验原理

CMOS 逻辑门电路由 NMOS 和 PMOS 管组成。它具有功耗低、电源电压范围广、输出逻辑电平摆幅大、噪声容限高、输入阻抗高、制造工艺简单、可靠性高等优点。本实验所用 CMOS 与非门为四 2 输入与非门 74HC00，图 3-17 为 74HC00 逻辑图和管脚排列图。

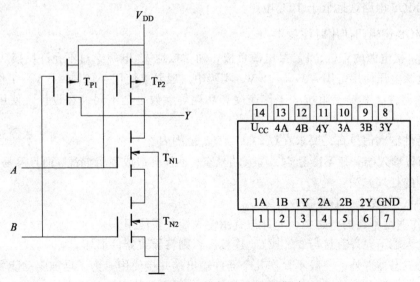

图 3-17　74HC00 逻辑图及引脚排列图

1）CMOS 与非门的逻辑功能

与非门的工作原理为：当输入端 A、B 有低电平，如 $A = 1$，$B = 0$ 时，T_{N1}、T_{P1} 导通，T_{N2}、T_{P2} 截止，输出 $Y = 1$；当输入端 A、B 全为高电平时，T_{N1}、T_{N2} 导通，T_{P1}、T_{P2} 截止，输出 $Y = 0$；与非门的逻辑功能是：当输入端有一个或一个以上的低电平时，输出端为高电平；只有输入端全部为高电平时，输出端才是低电平（即有"0"得"1"，全"1"得"0"）。其逻辑表达式为 $F = \overline{A \cdot B}$。

2）CMOS 逻辑门电路的主要参数

（1）输出高电平 V_{OH} 与输出低电平 V_{OL}。

CMOS 门电路 V_{OH} 的理论值为电源电压 V_{DD}，$V_{OH(min)} = 0.9V_{DD}$；V_{OL} 的理论值为 0 V，$V_{OL(max)} = 0.1V_{DD}$。所以 CMOS 门电路的逻辑摆幅（即高低电平之差）较大，接近电源电压 V_{DD} 值。

（2）阈值电压 V_{th}。

从 CMOS 非门电压传输特性曲线中看出，输出高低电平的过渡区很陡，阈值电压 V_{th} 约为 $V_{DD}/2$。

（3）噪声容限。

CMOS 非门的关门电平 V_{OFF} 为 $0.45V_{DD}$，开门电平 V_{ON} 为 $0.55V_{DD}$。因此，其高、低电平噪声容限均达 $0.45V_{DD}$。其他 CMOS 门电路的噪声容限一般也大于 $0.3V_{DD}$，电源电压 V_{DD} 越大，其抗干扰能力越强。

（4）传输延迟与功耗。

CMOS 电路的功耗很小，一般小于 1 mW/门，但传输延迟较大，一般为几十 ns/门，且与电源电压有关，电源电压越高，CMOS 电路的传输延迟越小，功耗越大。

（5）扇出系数。

因 CMOS 电路有极高的输入阻抗，故其扇出系数很大，一般额定扇出系数可达 50。但必须指出的是，扇出系数是指驱动 CMOS 电路的个数，若就灌电流负载能力和拉电流负载能力而言，CMOS 电路远远低于 TTL 电路。

3）CMOS 逻辑门使用时注意事项

（1）V_{DD} 接电源的正极，V_{SS} 接电源负极（通常接地），电源绝对不允许反接。

（2）电源电压使用范围 + 3 ~ + 18 V，实验中一般要求使用 + 12 或 + 5 V。工作在不同电源电压下的器件，其输出阻抗、工作速度和功耗等参数也会不同，在设计、使用中应引起注意。

（3）器件输入信号 u_i，要求在 $U_{SS} < u_i < U_{DD}$ 范围内。

（4）闲置输入端一律不准悬空，输入端悬空，不仅会造成逻辑混乱，而且容易损坏器件。闲置输入端的处理方法：

① 按照逻辑要求，直接接 U_{DD} 或 U_{SS}。

② 工作速度不高的电路中，允许与有用输入端并联使用。

（5）输入端不允许直接与 U_{DD} 或 U_{SS} 连接，否则将导致器件损坏。

（6）除三态器件外，一般不允许几个器件输出端并接使用。为了增加驱动能力，允许把同一芯片上的电路并联使用，此时器件的输入端与输出端均对应相连。

（7）电烙铁和测试仪器的外壳必须良好接电。

（8）若信号源与 CMOS 器件使用两组电源供电，应先开 CMOS 电源，并最后关闭 CMOS 电源。

5. 实验内容

（1）验证 74HC00 的逻辑功能。

（2）测量静态功耗 P_D。

按图 3-18（a）接线，测量 I_{DL}. 计算 P_{DL}，记录在表 3-17 中。

按图 3-18（b）接线，测量 I_{DH}. 计算 P_{DH}，记录在表 3-17 中。

（3）测量输出低电平 U_{OL} 和输出高电平 U_{OH}，记录在表 3-17 中。

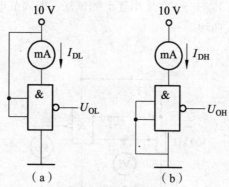

图 3-18　接线图

表 3-17　测量值

I_{DL}	$P_{DL} = I_{DL} V_{DD}$	U_{OL}	I_{DH}	$P_{DH} = I_{DH} V_{DD}$	U_{OH}

（4）测量灌电流负载能力 I_{OL} 和拉电流负载能力 I_{OH}。

按图 3-19（a）接线，输入端接高电平，输出端接灌电流负载，调节电位器，当 $V_O = 0.1$ V，测量 V_1，并计算 I_{OL}，记录在表 3-18 中。

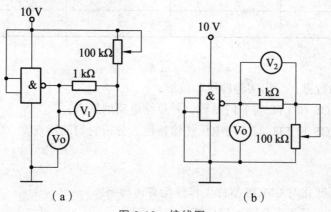

图 3-19　接线图

按图 3-19（b）接线，输入端接低电平，输出端接拉电流负载，调节电位器，当 $V_O = 9$ V，测量 V_2，并计算 I_{OH}，记录在表 3-18 中。

表 3-18　测量计算值

V_1	$I_{OL} = \dfrac{V_1}{1K}$	V_2	$I_{OH} = \dfrac{V_2}{1K}$

（5）测量 CMOS 与非门的电压传输特性曲线。

① 按图 3-20 接线，取 $V_{DD} = 12$ V，采用逐点测试法，即调节电位器，逐点测得 V_i 及 V_o，记录在表 3-19 中，然后绘成曲线。

（2）按图 3-20 接线，取 $V_{DD} = 5$ V，采用逐点测试法，即调节电位器，逐点测得 V_i 及 V_o，记录在表 3-20 中，然后绘成曲线。

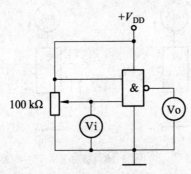

图 3-20　传输特性曲线测试电路

表 3-19　（$V_{DD} = 12$ V）V_i、V_O 值

V_i/V							
V_O/V							

表 3-20　（$V_{DD} = 5$ V）V_i、V_O 值

V_i/V							
V_O/V							

6. 实验报告

（1）整理实验数据，绘出实验曲线和波形；

（2）比较 CMOS 和 TTL 与非门参数，并总结电路的特点；

（3）比较 CMOS 和 TTL 与非门电压传输特性，分析它们的特点。

7. 思考题

（1）电源电压变化对 CMOS 器件工作性能有何影响？

（2）CMOS 与非门的多余输入端应该如何处理？

实验 5 SSI 组合逻辑电路的设计

1. 预习要求

（1）复习 SSI 组合逻辑电路设计的部分内容；

（2）按实验内容要求设计电路，并根据所给的器件画出逻辑图和记录数据的表格。

2. 实验目的

（1）掌握 SSI 组合电路的设计方法。

3. 实验器材

实验器材如表 3-21。

表 3-21 实验器材明细表

序号	器材名称	功能说明	数量	备注
1	74LS00	四组 2 输入与非门	1 片	
2	74LS10	三组 3 输入与非门	1 片	
3	74LS20	两组 4 输入与非门	1 片	
4	74LS02	四组 2 输入或非门	1 片	
5	74LS86	四组 2 输入异或门	1 片	
6	74LS04	六反相器	1 片	

4. 实验原理

1）SSI 组合逻辑电路的设计方法

（1）根据给出的逻辑功能建立真值表；

（2）根据真值表，写出输出逻辑函数表达式；

（3）选定器件类型并将逻辑函数表达式转换成适当的形式；

（4）根据最后所得逻辑函数表达式画出逻辑图；

（5）按逻辑图完成电路的安装、调试、排除实验故障、记录和分析实验结果等。

2）组合逻辑电路设计举例

用与非门设计一个举重判决电路。设举重比赛有 3 个裁判，一个主裁判和两个副裁判。杠铃完全举上的裁决由每个裁判按一下自己面前的按钮来确定。只有当两个或两个以上裁判判明成功，并且其中有一个主裁判时，表明成功的灯才会亮。

（1）根据逻辑功能列出真值表。

设主裁判为变量 A，副裁判分别为 B 和 C；按按钮表示输入 1，不按按钮表示输入 0；成功用 $Y = 1$ 表示，否则 $Y = 0$。根据逻辑功能列出真值表如表 3-22 所示。

表 3-22 真值表

A	0	0	0	0	1	1	1	1
B	0	0	1	1	0	0	1	1
C	0	1	0	1	0	1	0	1
Y	0	0	0	0	0	1	1	1

（2）写出逻辑表达式：$Y = A\bar{B}C + AB\bar{C} + ABC$。

（3）用卡诺图化简，如图 3-21 所示。

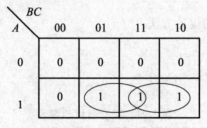

图 3-21　卡诺化简

由卡诺图得出最简"与-或"表达式，并把最简"与-或"式转换成"与非-与非"式：

$$Y = AB + AC = \overline{\overline{AB + AC}} = \overline{\overline{AB} \cdot \overline{AC}}$$

（4）根据逻辑表达式画出逻辑电路如图 3-22 所示。

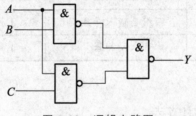

图 3-22　逻辑电路图

5. 实验内容

（1）按图 3-22 安装逻辑电路图，测试电路的功能，填入表 3-23 中。

表 3-23　测试值

A	0	0	0	0	1	1	1	1
B	0	0	1	1	0	0	1	1
C	0	1	0	1	0	1	0	1
Y								

（2）设计一个求反码电路，该电路输入为 $A = A_{\mathrm{V}}A_2A_1A_0$，其中 A_{V} 为符号位，$A_2A_1A_0$ 为数值位，输出为 $B = B_{\mathrm{V}}B_2B_1B_0$。完成电路的安装，并测试电路的功能，填入表 3-24 中。

表 3-24　测试值

输入 A	A_V	0	0	0	0	0	0	0	0	1	1	1	1	1	1	1	1
	A_2	0	0	0	0	1	1	1	0	0	0	0	0	1	1	1	1
	A_1	0	0	1	1	0	0	1	1	0	0	1	1	0	0	1	1
	A_0	0	1	0	1	0	1	0	1	0	1	0	1	0	1	0	1
输出 B	B_V																
	B_3																
	B_2																
	B_0																

（3）用与非门设计一个四变量的多数表决电路。当输入变量 A、B、C、D 有 3 个或 3 个以上 1 时输出为 1，否则输出为 0。完成电路的安装，并测试电路的功能，填入表 3-25 中。

表 3-25　测试值

输入	A	0	0	0	0	0	0	0	0	1	1	1	1	1	1	1	1
	B	0	0	0	0	1	1	1	1	0	0	0	0	1	1	1	1
	C	0	0	1	1	0	0	1	1	0	0	1	1	0	0	1	1
	D	0	1	0	1	0	1	0	1	0	1	0	1	0	1	0	1
输出	Y																

（4）设计一个两位数值比较电路，完成电路的安装，并测试电路的功能，填入表 3-26 中。

表 3-26　测试值

输入	A_1	0	0	0	0	0	0	0	0	1	1	1	1	1	1	1	1
	A_0	0	0	0	0	1	1	1	1	0	0	0	0	1	1	1	1
	B_1	0	0	1	1	0	0	1	1	0	0	1	1	0	0	1	1
	B_0	0	1	0	1	0	1	0	1	0	1	0	1	0	1	0	1
输出	Y																

6. 实验报告

（1）论证自己设计各逻辑电路的正确性及优缺点。

7. 思考题

（1）无关项在逻辑电路的设计中有什么作用？

（2）逻辑表达式的变换在逻辑电路的设计中有什么作用？

实验 6　MSI 组合逻辑电路的应用（一）

——译码器

1. 预习要求

（1）复习译码器的相关内容；

（2）按实验内容要求设计电路，并根据所给的器件画出逻辑图和记录数据的表格。

2. 实验目的

（1）掌握译码器的工作原理和特点；

（2）了解译码器性能和使用方法；

（3）掌握译码器的应用。

3. 实验器材

实验器材如表 3-27。

表 3-27　实验器材明细表

序号	器材名称	功能说明	数量	备注
1	74LS138	3 线-8 线译码器	1 片	
2	74LS20	二组 4 输入与非门	1 片	
3	74LS86	四组 2 输入异或门	1 片	
4	74LS00	四组 2 输入与非门	1 片	
5	74LS10	三组 3 输入与非门	1 片	
6	74LS02	四组 2 输入或非门	1 片	

4. 实验原理

1）二进制译码器

二进制译码器有 n 位二进制代码输入，2^n 个输出。对应每一组输入代码，只有其中一个输出端为有效电平，其余输出端为相反电平。如图 3-23 所示。

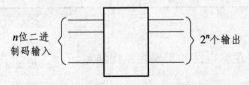

图 3-23　二进制译码器的结构框图

本实验所用二进制译码器型号为 3 线——8 线译码器 74LS138，逻辑功能示意图和引脚排列图如图 3-24 所示。其中 A2、A1、A0 为 3 位二进制译码输入，$\overline{Y_0}$、$\overline{Y_1}$、$\overline{Y_2}$、$\overline{Y_3}$、$\overline{Y_4}$、$\overline{Y_5}$、

$\overline{Y}_6$、$\overline{Y}_7$ 为译码输出端（低电平有效），G_1、$\overline{G}_{2A}$、$\overline{G}_{2B}$ 为选通控制端。当 $G_1 = 1$、$\overline{G}_{2A} + \overline{G}_{2B} = 0$ 时，译码器处于工作状态；当 $G_1 = 0$ 或 $\overline{G}_{2A} + \overline{G}_{2B} = 1$ 时，译码器处于禁止状态。74LS138 功能见表 3-28。

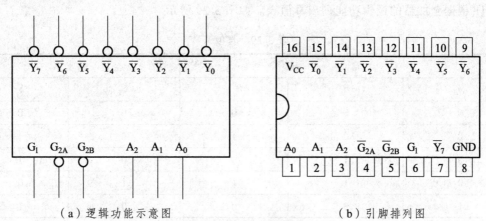

（a）逻辑功能示意图　　　　　　　　（b）引脚排列图

图 3-24　74 LS138 逻辑图与引脚图

表 3-28　74LS138 真值表

输入					输出							
G_1	$\overline{G}_{2A} + \overline{G}_{2B}$	A_2	A_1	A_0	$\overline{Y}_0$	$\overline{Y}_1$	$\overline{Y}_2$	$\overline{Y}_3$	$\overline{Y}_4$	$\overline{Y}_5$	$\overline{Y}_6$	$\overline{Y}_7$
1	0	0	0	0	0	1	1	1	1	1	1	1
1	0	0	0	1	1	0	1	1	1	1	1	1
1	0	0	1	0	1	1	0	1	1	1	1	1
1	0	0	1	1	1	1	1	0	1	1	1	1
1	0	1	0	0	1	1	1	1	0	1	1	1
1	0	1	0	1	1	1	1	1	1	0	1	1
1	0	1	1	0	1	1	1	1	1	1	0	1
1	0	1	1	1	1	1	1	1	1	1	1	0
0	×	×	×	×	1	1	1	1	1	1	1	1
×	1	×	×	×	1	1	1	1	1	1	1	1

2）二进制译码器应用

由表 3-28 可知：当 $\overline{G}_1 = 1$、$\overline{G}_{2A} + \overline{G}_{2B} = 0$ 时，

$$\overline{Y}_0 = \overline{\overline{A}_2 \overline{A}_1 \overline{A}_0} = \overline{m}_0$$

$$\overline{Y}_1 = \overline{\overline{A}_2 \overline{A}_1 A_0} = \overline{m}_1$$

$$\vdots$$

$$Y_7 = \overline{\overline{A}_2 A_1 A_0} = \overline{m}_7$$

即二进制译码器处于工作状态时，2^n 个输出端分别与 n 个输入变量的 2^n 最小项一一对应，可以利用这些最小项实现各种组合逻辑函数。

例如：用 74LS138 设计一个全加器。

① 根据全加器的逻辑功能列出真值表。如图 3-29 所示。

表 3-29　真值表

输入			输出	
A_i	B_i	C_{i-1}	C_i	S_i
0	0	0	0	0
0	0	1	0	1
0	1	0	0	1
0	1	1	1	0
1	0	0	0	1
1	0	1	1	0
1	1	0	1	0
1	1	1	1	1

② 写出函数的标准与或表达式，并变换为与非——与非形式。

$$\begin{cases} S_i(A_i, B_i, C_{i-1}) = \sum m(1, 2, 4, 7) = \overline{\overline{m_1} \cdot \overline{m_2} \cdot \overline{m_4} \cdot \overline{m_7}} \\ C_i(A_i, B_i, C_{i-1}) = \sum m(3, 5, 6, 7) = \overline{\overline{m_3} \cdot \overline{m_5} \cdot \overline{m_6} \cdot \overline{m_7}} \end{cases}$$

③ 画出逻辑图。如图 3-25 所示。

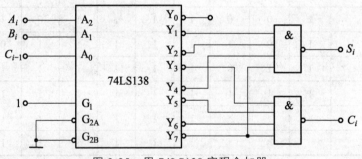

图 3-25　用 74LS138 实现全加器

3）数字显示译码器

在数字系统中，通常需要将数字量直观地显示出来，一方面供人们直接读取处理结果，另一方面用于监视数字系统工作情况。因此，数字显示电路是许多数字设备不可缺少的部分。数字显示电路由半导体数码管和显示译码器组成。

（1）半导体数码管。

常用的数码管一般由七段发光二极管组成，可以显示 0 ~ 9 十个数字，如图 3-26（a）所示。通过控制各段二极管的状态，可显示出不同的数字。如当 a、b、c、d、e、f、g 都亮时，显示数字"8"，当 a、b、c、d、e、f 亮，g 不亮时，显示数字"0"。七段数码管分为共阴极数码管和共阳极数码管，如图 3-26（b）、（c）所示。共阴极数码管是把二极管的阴极接在一起接地，阳极接输入信号，所以为高电平有效的数码管。共阳极数码管是把所有二极管的阳极接在一起接电源，阴极接输入信号，所以为低电平有效的数码管。

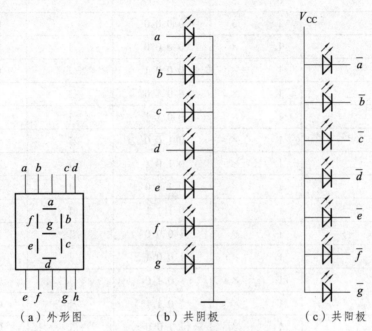

图 3-26　数码管外形图及内部结构

（2）七段显示译码器 74LS48。

七段显示译码器 74LS48 的逻辑功能是把输入的四位二进制数转换为 7 个高、低电平输出，从而驱动数码管显示对应的数字和符号。74LS48 的逻辑符号和管脚排列图如图 3-27 所示。其中 A_3、A_2、A_1、A_0 为输入端，$\overline{LT}$ 为试灯输入端，$\overline{RBI}$ 为灭 0 输入端，$\overline{BI/RBO}$ 为灭灯输入端/灭 0 输出端，a、b、c、d、e、f、g 为 7 个输出端。74LS48 输出高电平有效，所以只能驱动共阴极数码管。74LS48 的真值表如表 3-30 所示。

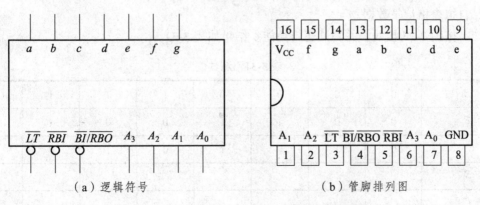

图 3-27　74LS48 的逻辑符号和管脚排列图

表 3-30 74LS48 的真值表

功能或	输入			输出	
十进制数	$\overline{LT}$	$\overline{RBI}$	$A_3A_2A_1A_0$	$\overline{BI}/\overline{RBO}$	$a\ b\ c\ d\ e\ f\ g$
灭灯	×	×	× × × ×	0（输入）	0 0 0 0 0 0 0
试灯	0	×	× × × ×	1	1 1 1 1 1 1 1
灭零	1	0	0 0 0 0	0	0 0 0 0 0 0 0
0	1	×	0 0 0 0	1	1 1 1 1 1 1 0
1	1	×	0 0 0 1	1	0 1 1 0 0 0 0
2	1	×	0 0 1 0	1	1 1 0 1 1 0 1
3	1	×	0 0 1 1	1	1 1 1 1 0 0 1
4	1	×	0 1 0 0	1	0 1 1 0 0 1 1
5	1	×	0 1 0 1	1	1 0 1 1 0 1 1
6	1	×	0 1 1 0	1	0 0 1 1 1 1 1
7	1	×	0 1 1 1	1	1 1 1 0 0 0 0
8	1	×	1 0 0 0	1	1 1 1 1 1 1 1
9	1	×	1 0 0 1	1	1 1 1 0 0 1 1
10	1	×	1 0 1 0	1	0 0 0 1 1 0 1
11	1	×	1 0 1 1	1	0 0 1 1 0 0 1
12	1	×	1 1 0 0	1	0 1 0 0 0 1 1
13	1	×	1 1 0 1	1	1 0 0 1 0 1 1
14	1	×	1 1 1 0	1	0 0 0 1 1 1 1
15	1	×	1 1 1 1	1	0 0 0 0 0 0 0

5. 实验内容

（1）测试 74LS138 的逻辑功能。

把 74LS138 的输入端接开关电平，输出端接电平显示器，改变输入状态，观察输出端的状态，自拟表格记录数据。

（2）按图 3-23 接线，并测试逻辑功能。结果如表 3-31。

表 3-31 测试值

A_i	0	0	0	0	1	1	1	1
B_i	0	0	1	1	0	0	1	1
C_{i-1}	0	1	0	1	0	1	0	1
S_i								
C_i								

（3）用74LS138设计一个两位二进制数值比较器，并测试逻辑功能。结果如表3-32。

表2-32　测试值

A_1	0	0	0	0	0	0	0	0	1	1	1	1	1	1	1	1
A_0	0	0	0	0	1	1	1	1	0	0	0	0	1	1	1	1
B_1	0	0	1	1	0	0	1	1	0	0	1	1	0	0	1	1
B_0	0	1	0	1	0	1	0	1	0	1	0	1	0	1	0	1
$F_{A \geq B}$																
$F_{A < B}$																

（4）测试74LS48的逻辑功能。

把74LS48的输入端接开关电平，输出端接电平显示器，改变输入状态，观察输出端的状态，自拟表格记录数据。

（5）按图3-28连接74LS48和数码管，$A_3A_2A_1A_0$接逻辑开关，当$A_3A_2A_1A_0$分别输入0000、0001、0010、……、1111时，观察数码管显示，自拟表格记录数据。

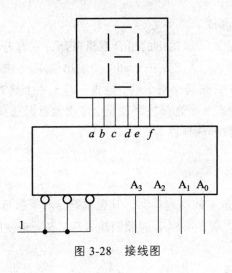

图3-28　接线图

6. 实验报告

（1）总结译码器的逻辑功能；
（2）论证自己设计各逻辑电路的正确性及优缺点。

7. 思考题

（1）高电平有效和低电平有效有什么区别？
（2）译码器通常用到什么场合？
（3）译码器是怎样实现扩展的？

实验 7 MSI 组合逻辑电路的应用（二）

—— 数据选择器

1. 预习要求

（1）复习数据选择器的相关内容；

（2）按实验内容要求设计电路，并根据所给的器件画出逻辑图和记录数据的表格。

2. 实验目的

（1）熟悉数据选择器的逻辑功能和测试方法；

（2）掌握用集成数据选择器进行逻辑设计。

3. 实验器材

实验器材如表 3-33。

表 3-33 实验器材明细表

序号	器材名称	功能说明	数量	备注
1	74LS153	双四选一数据选择器	1 片	
2	74LS04	六反相器	1 片	

4. 实验原理

1）数据选择器的逻辑功能

数据选择器是一种多输入、单输出的组合逻辑电路，它有若干个数据输入端 D_0、D_1、D_2……，若干个控制输入端 A_0、A_1、A_2……和一个输出端 Y。在控制输入端加上适当的信号，即可从多路数据输入中选中一路送至输出端。通常，对于一个具有 N（$N=2^n$）路数据输入和一路输出的多路选择器，应有 n 个选择控制变量。常用的数据选择器有 4 选 1 数据选择器、8 选 1 数据选择器、16 选 1 数据选择器等。

2）芯片介绍

（1）74LS153。

74LS153 是集成双 4 选 1 数据选择器，其逻辑符号和管脚排列图如图 3-29 所示，其中 D_0、D_1、D_2、D_3 为数据输入端，A_1、A_0 为控制输入端，$\overline{S}$ 为是使能输入端，Y 为输出端。表 3-34 为 74LS153 的真值表。

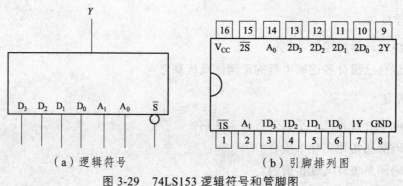

（a）逻辑符号 （b）引脚排列图

图 3-29 74LS153 逻辑符号和管脚图

表 3-34   74LS153 真值表

输	入			输 出
$\overline{S}$	D	A_1	A_2	Y
1	×	×	×	0
0	D_0	0	0	D_0
0	D_1	0	1	D_1
0	D_2	1	0	D_2
0	D_3	1	1	D_3

由真值表可知

$\overline{S} = 0$ 时，$Y = \overline{A_1}\,\overline{A_0}D_0 + \overline{A_1}A_0D_1 + A_1\overline{A_0}D_2 + A_1A_0D_3 = \sum_{i=0}^{3} m_i D_i$ ； $\overline{S} = 1$ 时，$Y = 0$。

（2）74LS151。

74LS151 是集成 8 选 1 数据选择器，其逻辑符号和管脚排列图如图 3-30 所示。其中 D_0、D_1、D_2、D_3 、D_4、D_5、D_6、D_7 为数据输入端，A_2、A_1、A_0 为控制输入端，$\overline{S}$ 为使能输入端，Y 为输出端。表 3-35 为 74LS151 的真值表。

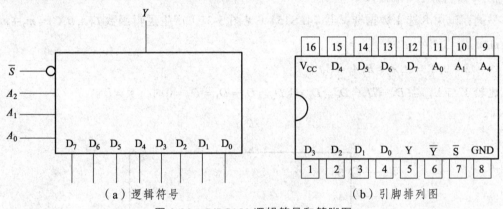

（a）逻辑符号　　　　　　　　（b）引脚排列图

图 3-30   74LS151 逻辑符号和管脚图

表 3-35   74LS151 真值表

输	入				输	出
$\overline{S}$	A_2	A_1	A_0	D	Y	$\overline{Y}$
1	×	×	×	0	0	1
0	0	0	0	D_0	D_0	$\overline{D_0}$
0	0	0	1	D_1	D_1	$\overline{D_1}$
0	0	1	0	D_2	D_2	$\overline{D_2}$
0	0	1	1	D_3	D_3	$\overline{D_3}$
0	1	0	0	D_4	D_4	$\overline{D_4}$
0	1	0	1	D_5	D_5	$\overline{D_5}$
0	1	1	0	D_6	D_6	$\overline{D_6}$
0	1	1	1	D_7	D_7	$\overline{D_7}$

由真值表可知，

当 $\overline{S} = 0$ 时，

$$Y = \overline{A_2}\,\overline{A_1}\,\overline{A_0}D_0 + \overline{A_2}\,\overline{A_1}A_0 D_1 + \overline{A_2}A_1\overline{A_0}D_2 + \overline{A_2}A_1A_0 D_3 + A_2\overline{A_1}\,\overline{A_0}D_4 +$$

$$A_2\overline{A_1}A_0 D_5 + A_2 A_1\overline{A_0}D_6 + A_2 A_1 A_0 D_7 = \sum_{i=0}^{7} m_i D_i$$

当 $\overline{S} = 1$ 时，$Y = 0$。

3）用数据选择器实现组合逻辑函数

因为数据选择器的输出逻辑表达式为 $Y = \sum_{i=0}^{2^{n}-1} m_i D_i$，因此可利用据选择器来实现组合逻辑函数。

（1）具有 n 个选择控制变量的数据选择器实现 n 个变量函数的方法：

首先将函数化成成最小项之和的形式；然后将函数的 n 个变量依次连接到数据选择器的 n 个选择变量端；确定数据输入端 D_i：若函数表达式中包含最小项 m_i，则相应数据选择器的 D_i 端输入 1，否则 D_i 端输入 0。

举例：试用 8 选 1 数据选择器 74LS151（见图 3-31）产生逻辑函数 $L(A,B,C) = m_2 + m_3 + m_5 + m_6$

令：$\overline{S} = 0, A_2 = A, A_1 = B, A_0 = C$，

比较 Y 与 L，当 $D_2 = D_3 = D_5 = D_6 = 1, D_0 = D_1 = D_4 = D_7 = 0$ 时，$Y = L$。

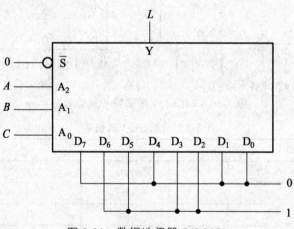

图 3-31　数据选择器 74LS151

（2）具有 $n-1$ 个选择控制变量的数据选择器实现 n 个变量函数功能的方法：从函数的 n 个变量中任选 $n-1$ 变量作为数据选择器的选择控制变量，并根据所选定的选择控制变量将函数变换成 $Y = \sum_{i=0}^{2^{n-1}-1} m_i D_i$ 的形式，以确定各数据输入 D_i。假定剩余变量为 X，则 D_i 的取值只可能是 0、1、X 或 $\overline{X}$ 四者之一。

举例：试用 4 选 1 数据选择器 74LS153（如图 3-32）产生逻辑函数 $L(A,B,C) = m_2 + m_3 + m_5 + m_6$

令 $\overline{S} = 0, A_1 = A, A_0 = B$ ，则

$$L(A,B,C) = m_2 + m_3 + m_5 + m_6 = \overline{A}B\overline{C} + \overline{A}BC + A\overline{B}C + AB\overline{C}$$
$$= \overline{A}B \cdot \overline{C} + \overline{A}B \cdot C + A\overline{B} \cdot C + AB \cdot \overline{C} = \overline{A}\overline{B} \cdot 0 + \overline{A}B \cdot 1 + A\overline{B} \cdot C + AB \cdot \overline{C}$$
$$= m_0 \cdot 0 + m_1 \cdot 1 + m_2 \cdot C + m_3 \cdot \overline{C}$$

则 $D_0 = 0, D_1 = 1, D_2 = C, D_3 = \overline{C}$

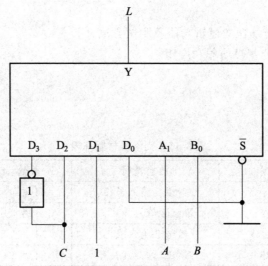

图 3-32　数据选择器 74LS153

5. 实验内容

（1）测试 74LS153 的逻辑功能。

（2）用 74LS153 扩展成八选一数据选择器，并测试逻辑功能。

（3）按图 3-31 接线，测试逻辑功能并列出测试表格。

（4）按图 3-32 接线，测试逻辑功能并列出测试表格。

（5）设计用 74LS153 实现全加器电路，画出逻辑图，列出测试表格。

（6）设计用 74LS153 实现三人表决器电路，画出逻辑图，列出测试表格。

（7）设计用 74LS153 实现两位的数值比较器，画出逻辑图，列出测试表格。

6. 实验报告

（1）总结 74LS153 和 74LS151 的逻辑功能；

（2）论证自己设计个逻辑电路的正确性及优缺点。

7. 思考题

（1）数据分配器的逻辑功能。

实验 8 MSI 组合逻辑电路的应用（三）

——加法器

1. 预习要求

（1）复习加法器相关内容；

（2）按实验内容要求设计电路，并根据所给的器件画出逻辑图和记录数据的表格。

2. 实验目的

（1）掌握半加器和全加器的逻辑功能及测试方法；

（2）掌握 74LS283 的逻辑功能和应用。

3. 实验器材

实验器材如表 3-36。

表 3-36　实验器材明细表

序号	器材名称	功能说明	数量	备注
1	74LS08	四组 2 输入与门	1 片	
2	74LS86	四组 2 输入异或门	1 片	
3	74LS32	四组 2 输入或门	1 片	
4	74LS283	四位二进制加法器	1 片	

4. 实验原理

在数字系统中，经常需要进行加、减、乘、除等算术运算，实现这些运算功能的基本单元电路是加法器。加法器是一种组合逻辑电路，主要功能是实现二进制数的算术加法运算。

1）一位加法器

（1）半加器。

半加器完成两个一位二进制数相加，而不考虑由低位来的进位。根据二进制加法运算规则可列出半加器的真值表如表 3-37 所示。其中 A、B 是两个加数，S 是和，C 是向高位的进位。

表 3-37　半加器的真值表

输　　入		输　　出	
A	B	C	S
0	0	0	0
0	1	0	1
1	0	0	1
1	1	1	0

由真值表可得到输出函数表达式：

$$S = A\overline{B} + \overline{A}B = A \oplus B$$

$$C = AB$$

因此半加器可由一个异或门和一个与门组成，如图 3-33 所示。

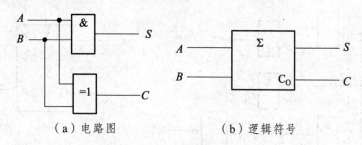

（a）电路图　　　　　　　（b）逻辑符号

图 3-33　半加器的电路图和逻辑符号

（2）全加器。

全加器能将三个一位二进制数（两个加数及一个低位来的进位信号）相加，输出和及向高位的进位。根据二进制加法运算规则可列出 1 位全加器的真值表，如表 3-38 所示。其中 A_i、B_i 是两个加数，C_{i-1} 为相邻低位来的进位数，S_i 表示本位和，C_i 表示向相邻高位的进位数。

表 3-38　全加器的真值表

输　　入			输　　出	
A_i	B_i	C_{i-1}	C_i	S_i
0	0	0	0	0
0	0	1	0	1
0	1	0	0	1
0	1	1	1	0
1	0	0	0	1
1	0	1	1	0
1	1	0	1	0
1	1	1	1	1

由真值表可写成输出函数表达式：

$$
\begin{aligned}
S_i &= \overline{A_i} \cdot \overline{B_i} \cdot C_{i-1} + \overline{A_i} \cdot B_i \cdot \overline{C_{i-1}} + A_i \cdot \overline{B_i} \cdot \overline{C_{i-1}} + A_i B_i C_{i-1} \\
&= \overline{A_i}(\overline{B_i} \cdot C_{i-1} + B_i \cdot \overline{C_{i-1}}) + A_i(\overline{B_i} \cdot \overline{C_{i-1}} + B_i C_{i-1}) \\
&= \overline{A_i}(B_i \oplus C_{i-1}) + A_i(\overline{B_i \oplus C_{i-1}}) \\
&= A_i \oplus B_i \oplus C_{i-1}
\end{aligned}
$$

$$C_i = \overline{A_i}B_iC_{i-1} + A_i\overline{B_i}C_{i-1} + A_iB_i\overline{C}_{i-1} + A_iB_iC_{i-1}$$
$$= (\overline{A_i}B_i + A_i\overline{B_i})C_{i-1} + A_iB_i$$
$$= (A_i \oplus B_i)C_{i-1} + A_iB_i$$

图 3-34（a）为用与门、或门及异或门构成的全加器，图 3-34（b）为全加器的逻辑符号。

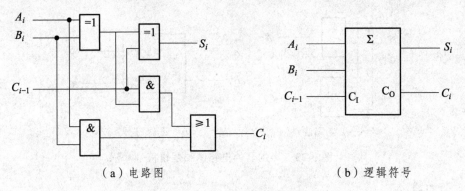

（a）电路图　　　　　　　　　　　（b）逻辑符号

图 3-34　全加器的电路图和逻辑符号

2）多位加法器

（1）串行进位加法器。

依次将低位全加器的进位输出 C_O 与高位全加器的进位输入 C_I 连接起来，可构成为二进制多位加法器，图 3-35 为由 4 个全加器构成的 4 位二进制加法器。

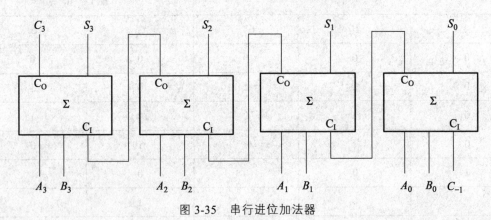

图 3-35　串行进位加法器

由图 3-35 可知，串行进位加法器的每一位相加都必须等到低一位的进位产生以后才能实现，因此把这种结构的电路叫作串行进位加法器。这种结构的电路最大的缺点就是运算速度慢。

（2）超前进位加法器。

74LS283 是四位二进制超前进位法器，逻辑符号和引脚排列图如图 3-36。其中 A_3、A_2、A_1、A_0 为一个二进制加数，B_3、B_2、B_1、B_0 为另一个二进制加数，C_{-1} 为低位的进位输入，C_3 为高位的进位输出，S_3、S_2、S_1、S_0 为相加的和。

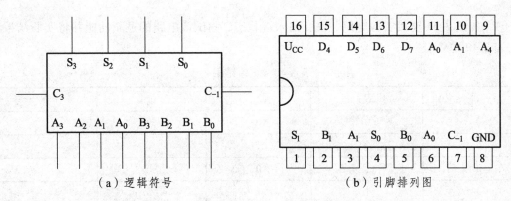

（a）逻辑符号 （b）引脚排列图

图 3-36 74LS283 逻辑符号和引脚排列图

3）74LS283 应用

如果要产生的逻辑函数能化成输入变量与输入变量或者输入变量与常量在数值上相加的形式，这时用加法器来设计这个组合逻辑电路往往会非常简单。

举例 1：用 74LS283 设计一个代码转换电路，将 BCD 代码的 8421 码转换成余 3 码。

因为 $Y_3Y_2Y_1Y_0 = DCBA + 0011$，其中 $Y_3Y_2Y_1Y_0$ 为余 3 码，$DCBA$ 为 8421 码，所以用 1 片 74LS283 可实现该转换电路，电路如图 3-37 所示。

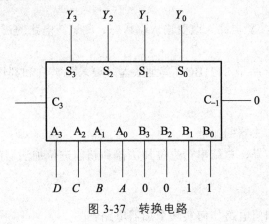

图 3-37 转换电路

5. 实验内容

（1）按图 3-33 连接实验电路，改变输入端状态，测试该电路的逻辑功能并将实验结果记录在表 3-39 中。

表 3-39 实验结果

A	B	C	S
0	0		
0	1		
1	0		
1	1		

（2）按图 3-34 连接实验电路，改变输入端状态，测试该电路的逻辑功能并将实验结果记录在表 3-40 中。

表 3-40　实验结果

A_i	B_i	C_{i-1}	C_i	S_i
0	0	0		
0	0	1		
0	1	0		
0	1	1		
1	0	0		
1	0	1		
1	1	0		
1	1	1		

（3）74LS283 逻辑功能测试。

输入端接逻辑开关、输出端接电平指示器，逐个测试 74LS283 的逻辑功能，自拟表格记录实验结果。

（4）按图 3-37 连接实验电路，改变输入端状态，测试该电路的逻辑功能，自拟表格记录实验结果。

（5）用 74LS283 设计一个 8421BCD 码加法器。要求加数和和都用 8421BCD 码表示。

6. 实验报告

（1）说明超前进位加法器的原理；

（2）整理分析实验结果，总结串行进位加法器和超前进位加法器的优缺点。

7. 思考题

（1）用 2 个半加器和门电路如何实现全加器电路？

（2）能否用其他逻辑门实现全加器电路？

实验 9　组合逻辑电路的竞争与冒险

1. 预习要求

（1）复习竞争—冒险的相关内容；

（2）按实验内容要求，画出记录数据的表格。

2. 实验目的

（1）了解组合逻辑电路中的竞争—冒险现象，学会竞争—冒险现象的判别方法；

（2）初步掌握消除竞争—冒险现象的方法。

3. 实验器材

实验器材如表 3-41。

表 3-41　实验器材明细表

序号	器材名称	功能说明	数量	备注
1	74L08	四组 2 输入与门	1 片	
2	74LS32	四组 2 输入或门	1 片	
3	74LS04	六反相器	1 片	
4	示波器		1 台	

4. 实验原理

1）竞争—冒险的产生

竞争—冒险是组合逻辑电路状态转换过程中经常出现的一种现象。组合电路设计是在理想化条件下进行的，没有考虑输入信号的上升沿和下降沿以及信号的传输时间。在实际情况下，输入信号的变化总需要一定的时间，门电路也有延迟现象，因此输入信号无法同时到达门电路的输入端，这样就可能产生了竞争—冒险现象。产生冒险的两种典型情况如图 3-38。

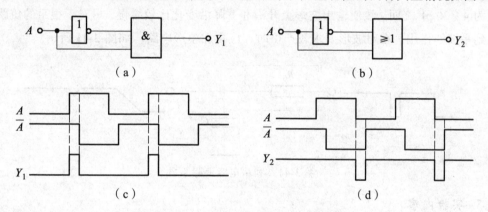

图 3-38　产生冒险的两种典型情况

2）判断竞争—冒险的方法

（1）代数法：只要输出端的逻辑代数式在一定条件下能变换为 $F = A \cdot \overline{A}$ 或 $F = A + \overline{A}$ 的形式，则该组合电路有可能存在竞争—冒险。如：逻辑函数 $F = A\overline{B} + BC$，当 $A = C = 1$ 时，$F = \overline{B} + B$，因此 $F = A\overline{B} + BC$ 存在竞争—冒险。

（2）卡诺图法：若逻辑函数的卡诺图中存在相切的包围圈，则该组合电路有可能存在竞争—冒险。如图 3-39 所示，m_5 和 m_7 相邻，但它们分别在两个不同的包围圈中，因此这两个包围圈相切，所以该卡诺图对应的逻辑表达式 $F = A\overline{B} + BC$ 存在竞争—冒险。

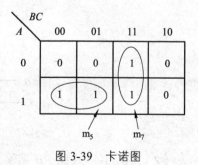

图 3-39　卡诺图

3）消除竞争—冒险的方法

（1）增加冗余项。

增加冗余项的方法，是在卡诺图中将相切的包围圈中相邻的最小项用包围圈连接起来，就可消除竞争—冒险现象。为了消除图 3-39 的竞争—冒险，用包围圈把 m_5 和 m_7 圈起来，如图 3-40 所示，则对应的逻辑表达式 $F = A\bar{B} + BC + AC$ 不存在竞争—冒险。

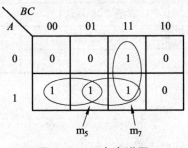

图 3-40　冗余卡诺图

（2）输出端并联电容器。

如果逻辑电路在较慢速度下工作，为了消去竞争冒险，可以在输出端并联一电容器，其容量为 4 ~ 20 pF 之间。致使输出波形上升沿和下降沿变化比较缓慢，可对于很窄的负跳变脉冲起到平波的作用。在对波形要求较严格时，应再加整形电路。如图 3-41 所示。

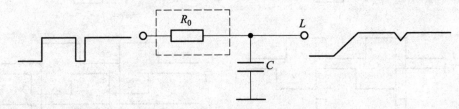

图 3-41　利用电容消除险象

5. 实验内容

（1）按图 3-42 所示电路接线，B 端输入 1 kHz 脉冲，$A = C = 1$ 时，用示波器观察输入信号 B 和输出信号 Y 波形，判断有无冒险现象，画出波形图并记录结果。

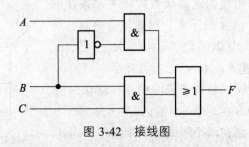

图 3-42　接线图

（2）按图 3-43 接线，B 端输入 1 kHz 脉冲，$A = C = 1$ 时，用示波器观察输入信号 B 和输出信号 Y 波形，判断有无冒险现象，画出波形图并记录结果。

（3）在图 3-42 输出端并联一个 220 μF 的电容，B 端输入 1 kHz 脉冲，$A = C = 1$ 时，用示波器观察输入信号 B 和输出信号 Y 波形，判断有无冒险现象，画出波形图并记录结果。

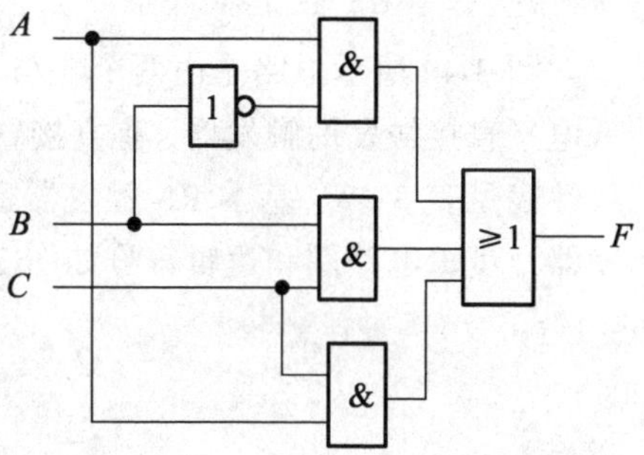

图 3-43 接线图

6. 实验报告

（1）整理分析实验结果，总结各种消除竞争—冒险的方法的优缺点。

7. 思考题

（1）什么叫临界竞争与非临界竞争？

（2）$F = (A + B)(\overline{A} + C)$ 是否存在冒险，如何用冗余法消除？

实验 10 触发器功能的测试与应用

1. 预习要求

（1）复习触发器有关内容；

（2）列出各触发器功能测试表格。

2. 实验目的

（1）掌握基本 RS 触发器、JK 触发器、D 触发器、T 触发器和 T′触发器的逻辑功能；

（2）熟悉各种触发器之间逻辑功能的相互转换方法。

3. 实验器材

实验器材如表 3-42。

表 3-42 实验器材明细表

序号	器材名称	功能说明	数量	备注
1	74LS112	双 JK 触发器	1 片	
2	74LS74	双 D 触发器	1 片	
3	74LS00	四组 2 输入与非门	1 片	
4	74LS02	四组 2 输入或非门	1 片	
5	示波器		1 台	

4. 实验原理

触发器是具有记忆功能的二进制信息存贮器件，是时序逻辑电路的基本单元之一。触发器按逻辑功能可分 RS、JK、D、T 和 T′触发器；按电路触发方式可分为主从型触发器和边沿型触发器两大类。

1）基本 RS 触发器

图 3-44 所示电路是由两个"与非"门交叉耦合而成的基本 RS 触发器，它是无时钟控制低电平直接触发的触发器，有直接置位、复位的功能，是组成各种功能触发器的最基本单元，特性表见表 3-43。基本 RS 触发器也可以用两个"或非"门组成，它是高电平直接触发的触发器，逻辑电路图和逻辑符号如图 3-45 所示，特性表见表 3-44。

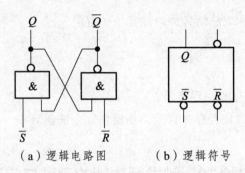

（a）逻辑电路图　　　（b）逻辑符号

图 3-44　与非门构成的基本 RS 触发器

表 3-43　与非门构成的基本 RS 触发器的特性表

输入		初态	次态	功能说明
$\overline{R}$	$\overline{S}$	Q^n	$\overline{Q}^{n+1}$	
0	0	0	1*	不允许
0	0	1	1*	
0	1	0	0	清 0
0	1	1	0	
1	0	0	1	置 1
1	0	1	1	
1	1	0	0	保持不变
1	1	1	1	

注：表中 1* 为非正常输出。

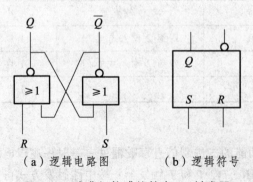

（a）逻辑电路图　　　（b）逻辑符号

图 3-45　或非门构成的基本 RS 触发器

表 3-44　或非门构成的基本 RS 触发器的特性表

输入		初态	次态	功能说明
R	S	Q^n	$\overline{Q}^{n+1}$	
0	0	0	0	保持不变
0	0	1	0	
0	1	0	1	置 1
0	1	1	1	
1	0	0	0	清 0
1	0	1	0	
1	1	0	0*	不允许
1	1	1	0*	

注：表中 0* 为非正常输出。

2）JK 触发器

　　JK 触发器是一种逻辑功能完善，通用性强的集成触发器，在结构上可分为主从型 JK 触发器和边沿型 JK 触发器。在产品中应用较多的是下降沿触发的边沿型 JK 触发器。下降沿 JK 触发器的逻辑符号如图 3-46 所示。它有三种不同功能的输入端，第一种是直接置位、复位输入端，用 $\overline{R}_D$ 和 $\overline{S}_D$ 表示。在 $\overline{R}_D = 0$、$\overline{S}_D = 1$ 或 $\overline{R}_D = 1$、$\overline{S}_D = 0$ 时，触发器将不受其它输入端状态影响，直接置 "0" 或置 "1"，当不需要直接置 "0" 或置 "1"，$\overline{R}_D$ 和 $\overline{S}_D$ 都应置高电平。第二种是时钟脉冲输入端，用来控制触发器触发翻转，用 CP 表示，逻辑符号中 CP 端处若标记为 "∧"，则表示触发器在时钟脉冲上升沿发生翻转；若再加个 "○"，则表示触发器在时钟脉冲下降沿发生翻转。第三种是数据输入端，它是触发器状态更新的依据，用 J、K 表示。JK 触发器的特性方程为：$Q^{n+1} = J\overline{Q}^n + \overline{K}Q^n$。

　　本实验采用双 JK 触发器 74LS112，是下降沿触发器，引脚排列如图 3-47 所示，功能表见表 3-45。

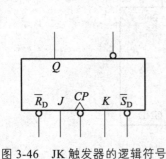

图 3-46　JK 触发器的逻辑符号

16	15	14	13	12	11	10	9
V_{CC}	$1\overline{R}_D$	$2\overline{R}_D$	2CP	2K	2J	$2\overline{S}_D$	2Q
1CP	1K	1J	$1\overline{S}_D$	1Q	$1\overline{Q}$	$2\overline{Q}$	GND
1	2	3	4	5	6	7	8

图 3-47　74LS112 引脚排列图

表 3-45　74LS112 功能表

输		入			输	出
$\bar{S}_D$	$\bar{R}_D$	CP	J	K	Q^{n+1}	$\bar{Q}^{n+1}$
0	1	×	×	×	1	0
1	0	×	×	×	0	1
0	0	×	×	×	φ	φ
1	1	↓	0	0	Q^n	$\bar{Q}^n$
1	1	↓	0	1	0	1
1	1	↓	1	0	1	0
1	1	↓	1	1	$\bar{Q}^n$	Q^n

注：×—任意态，↓—下降沿，Q^n（$\bar{Q}^n$）—现态，Q^{n+1}（$\bar{Q}^{n+1}$）—次态，φ—不定态

3）D 触发器

D 触发器是另一种使用广泛的触发器，它的基本结构多为维持阻塞型。D 触发器的逻辑符号如图 3-48 所示。D 触发器是在 CP 脉冲上升沿触发翻转，触发器的状态取决于 CP 脉冲到来之前 D 端的状态，状态方程为：$Q^{n+1} = D$。

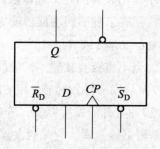

图 3-48　D 触发器的逻辑符号

本实验采用 74LS74 型双 D 触发器，是上升边沿触发器，引脚排列如图 3-49 所示。表 3-46 为其功能表。

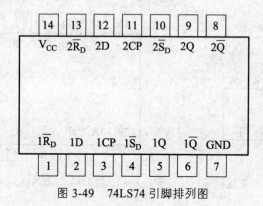

图 3-49　74LS74 引脚排列图

表 3-46　74LS74 功能表

输　　入				输　　出	
$\overline{S}_D$	$\overline{R}_D$	CP	D	Q^{n+1}	$\overline{Q}^{n+1}$
0	1	×	×	1	0
1	0	×	×	0	1
0	0	×	×	φ	φ
1	1	↑	1	1	0
1	1	↑	0	0	1

注：↑—上升沿

不同类型的触发器对时钟信号和数据信号的要求各不相同，一般说来，边沿触发器要求数据信号超前于触发边沿一段时间出现（称之为建立时间），并且要求在边沿到来后继续维持一段时间（称之为保持时间）。对于触发边沿陡度也有一定要求（通常要求<100 ns）。主从触发器对上述时间参数要求不高，但要求在 $CP = 1$ 期间，外加的数据信号不容许发生变化，否则将导致触发器错误输出。

6）触发器功能之间的转换

在集成触发器中，每一种触发器都有自己固定的逻辑功能，但可以利用转换的方法获得具有其他功能的触发器。

举例 1：将 JK 触发器转换为 T 触发器。如图 3-50 所示。

转换思路：将两触发器的特性方程进行比较，从而确定两触发器输入端的关系。

T 触发器特性方程为

$$Q^{n+1} = T\overline{Q}^n + \overline{T}Q^n$$

JK 触发器的特性方程：

$$Q^{n+1} = J\overline{Q}^n + \overline{K}Q^n$$

比较两方程可得

$$\begin{cases} J = T \\ K = T \end{cases}$$

举例 2：将 D 触发器转换为 T'触发器。如图 3-51 所示。

D 触发器特性方程为

$$Q^{n+1} = D$$

T'触发器的特性方程：

$$Q^{n+1} = \overline{Q}^n$$

比较两方程可得

$$D = \overline{Q}$$

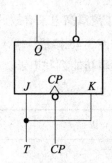

图 3-50　由 JK 触发器构成的
T 触发器

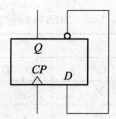

图 3-51　由 D 触发器构成的 T′触发器

值得注意的是转换后的触发器其触发方式仍不变。

5. 实验内容

1）测试低电平有效的基本 RS 触发器的逻辑功能

按图 3-44 接线，输入端 $\bar{R}$、$\bar{S}$ 接逻辑开关，输出端 Q、$\bar{Q}$ 接电平指示器，按表 3-47 要求测试逻辑功能，并记录。

表 3-47　测试值

$\bar{R}$	$\bar{S}$	Q^n	Q^{n+1}	$\overline{Q^{n+1}}$
1	1→0	0		
	0→1	1		
1→0	1	0		
0→1		1		
0	0	0		
0	0	1		

2）测试高电平有效的基本 RS 触发器的逻辑功能

按图 3-45 接线，输入端 R、S 接逻辑开关，输出端 Q、$\bar{Q}$ 接电平指示器，按表 3-48 要求测试逻辑功能，并记录。

表 3-48　测试值

R	S	Q^n	Q^{n+1}	$\overline{Q^{n+1}}$
0	1→0	0		
	0→1	1		
1→0	0	0		
0→1		1		
1	1	0		
1	1	1		

3）测试双 JK 触发器 74LS112 逻辑功能

（1）测试 $\overline{R}_D$、$\overline{S}_D$ 的复位、置位功能。

任取一只 JK 触发器，$\overline{R}_D$、$\overline{S}_D$、J、K 端接逻辑开关，CP 端接单次脉冲，Q、$\overline{Q}$ 端接电平指示器，在 $\overline{R}_D = 0$、$\overline{S}_D = 1$，$\overline{R}_D = 1$、$\overline{S}_D = 0$ 期间任意改变 J、K 及 CP 状态，观察 Q、$\overline{Q}$ 状态，并记录。

（2）测试 JK 触发器的逻辑功能。

任取一只 JK 触发器，$\overline{R}_D = 1$、$\overline{S}_D = 1$，J、K 端接逻辑开关，CP 端接单次脉冲，Q、$\overline{Q}$ 端接电平指示器。按表 3-49 要求改变 J、K、CP 端状态，观察 Q、$\overline{Q}$ 状态变化，并记录。

表 3-49　测试值

J	K	CP	Q^{n+1}	
			$Q^n = 0$	$Q^n = 1$
0	0	0→1		
		1→0		
0	1	0→1		
		1→0		
1	0	0→1		
		1→0		
1	1	0→1		
		1→0		

（3）将 JK 触发器的 J、K 端连在一起接电源，构成 T′触发器。

CP 端输入 1 Hz 连续脉冲，用电平指示器观察 Q 端变化情况。

CP 端输入 1 kHz 连续脉冲，用双踪示波器观察 CP 和 Q，并描绘。

4）测试双 D 触发器 74LS74 的逻辑功能

（1）测试 $\overline{R}_D$、$\overline{S}_D$ 复位、置位功能。

任取一只 D 触发器，$\overline{R}_D$、$\overline{S}_D$、D 端接逻辑开关，CP 端接单次脉冲，Q、$\overline{Q}$ 端接电平指示器，在 $\overline{R}_D = 0$、$\overline{S}_D = 1$，$\overline{R}_D = 1$、$\overline{S}_D = 0$ 期间任意改变 D 及 CP 状态，观察 Q、$\overline{Q}$ 状态，并记录。

（2）测试 D 触发器的逻辑功能。

任取一只 D 触发器，$\overline{R}_D = 1$、$\overline{S}_D = 1$，D 端接逻辑开关，CP 端接单次脉冲，Q、$\overline{Q}$ 端接电平指示器。按表 3-50 要求改变 D、CP 端状态，观察 Q、$\overline{Q}$ 状态变化，并记录。

表 3-50　测试值

D	CP	Q^{n+1}	
		$Q^n = 0$	$Q^n = 0$
0	0→1		
	1→0		
1	0→1		
	1→0		

（3）将 D 触发器的 $\overline{Q}$ 与 D 端相连接，构成 T' 触发器。

CP 端输入 1 Hz 连续脉冲，用电平指示器观察 Q 端变化情况。

CP 端输入 1 kHz 连续脉冲，用双踪示波器观察 CP 和 Q，并描绘。

6. 实验报告

（1）列表整理各类型触发器的逻辑功能；

（2）总结 JK 触发器 74LS112 和 D 触发器 74LS74 的特点；

（3）画出 D 触发器作为 T' 触发器时 CP 和 Q 端的波形。

7. 思考题

（1）JK 触发器与 RS 触发器的有何不同？

（2）什么是电平触发？什么是边沿触发？

（3）JK 触发器和 D 触发器在实现正常逻辑功能时 $\overline{R}_D$、$\overline{S}_D$ 应处于什么状态？

实验 11　小规模同步时序逻辑电路的设计

1. 预习要求

（1）复习同步时序逻辑电路的设计方法；

（2）根据实验内容，设计电路，并根据所给的器件画出逻辑图。

2. 实验目的

（1）学习小规模同步时序逻辑电路的设计方法；

（2）通过观察体会小规模时序电路的状态变化规律和脉冲特性。

3. 实验器材

实验器材如表 3-51。

表 3-51　实验器材明细表

序号	器材名称	功能说明	数量	备注
1	74LS112	双 JK 触发器	1 片	
2	74LS74	双 D 触发器	1 片	
3	74LS86	四组 2 输入异或门	1 片	
4	74LS08	四组 2 输入与门	1 片	
5	74LS04	六反相器	1 片	
6	示波器		1 台	

4. 实验原理

1）设计同步时序逻辑电路的一般步骤

（1）把对时序电路的功能描述转换成电路的输入、输出及状态关系的说明，进而形成原始状态图和原始状态表。

（2）对原始状态表进行化简，消去多余的状态，求得最小化状态表。

（3）对化简后的状态表进行状态编码，把状态表中用文字符号标注的每个状态用二进制代码表示，得到一个二进制状态表。

（4）选定触发器的类型，求电路的输出方程和各个触发器的激励方程。求触发器的激励方程有两种方法。

① 方法一：先根据编码后的状态表求出各状态变量的次态方程，然后将这些次态方程和相应触发器的特性方程相比较，得到各触发器的激励方程；

② 方法二：先根据编码后的状态表列出激励函数表，然后求出激励方程。

（5）检查电路能否自启动。如不能自启动，修改设计使之能够自启动。

（6）根据所求出的输出方程和触发器的激励方程画出逻辑电路图。

2）举例

某序列检测器有一个输入端 X 和一个输出端 Y。从 X 端输入一组按时间顺序排列的串行二进制码。当输入序列中出现 111 时，输出 $Y=1$，否则 $Y=0$。

解：（1）定义电路的状态：S_0—电路的初始状态；S_1—X 输入 1 后，电路的状态；S_2—X 输入 11 后的状态；S_3—X 输入 111 后的状态。如图 3-32、表 3-52 所示。

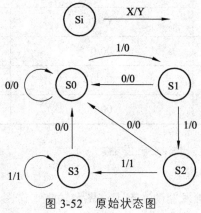

图 3-52　原始状态图

表 3-52　原始状态表

初态	次态/输出	
	$X = 0$	$X = 1$
S_0	$S_0/0$	$S_1/0$
S_1	$S_0/0$	$S_2/0$
S_2	$S_0/0$	$S_3/1$
S_3	$S_0/0$	$S_3/1$

（2）状态化简。

由于 S_2 与 S_3 在 $X = 0$ 和 $X = 1$ 的时候的次态和输出都相同，所以是等价状态，可以合并。表 3-53 为合并后得到的最简状态表。

表 3-53　化简后的状态表

初态	次态/输出	
	$X = 0$	$X = 1$
S_0	$S_0/0$	$S_1/0$
S_1	$S_0/0$	$S_2/0$
S_2	$S_0/0$	$S_2/1$

（3）状态编码。

因 $3 < 2^2$，所以 $N = 2$。两个触发器的输出端 Q_1Q_0 共用 4 状态，用 00 表示 S_0，01 表示 S_1，11 表示 S_2，则编码后的状态表如表 3-54 所示。

表 3-54　编码后状态

$Q_1^n Q_0^n$	$Q_1^{n+1} Q_0^{n+1}/Y$	
	$X = 0$	$X = 1$
00	00/0	01/0
01	00/0	11/0
11	00/0	11/1

（4）确定触发器的类型：采用 JK 触发器。

（5）求驱动方程和输出方程。

由表 3-54 分别画出两个触发器的次态卡诺图和输出卡诺图。如图 3-53 所示。

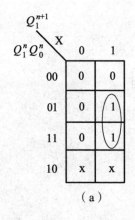 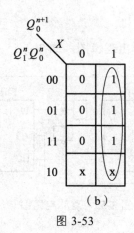 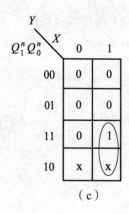

（a） （b） （c）

图 3-53

由图 3-53（a）可得到触发器 FF_1 的状态方程：

$$Q_1^{n+1} = XQ_0^n = XQ_0^n (Q_1^n + \overline{Q}_1^n) = XQ_0^n Q_1^n + XQ_0^n \overline{Q}_1^n$$

由图 3-53（b）可得到触发器 FF_0 的状态方程：

$$Q_0^{n+1} = X = X(Q_0^n + \overline{Q}_0^n) = XQ_0^n + X\overline{Q}_0^n$$

JK 触发器的特性方程：$Q^{n+1} = J\overline{Q}^n + \overline{K}Q^n$

比较状态方程和特性方程可得到触发器驱动方程：

$$J_1 = XQ_0^n \quad K_1 = \overline{XQ_0^n}$$

$$J_0 = X \quad K_0 = \overline{X}$$

由图 3-53（c）可得到输出方程：$Y = XQ_1^n$

（6）自启动检查。

将无效状态 $Q_1^n Q_0^n = 10$ 作为电路的初态代入电路的状态方程式和输出方程，分别求得当输入 $X = 0$ 和 $X = 1$ 时的次态和输出。

当 $X = 0$ 时，$Q_1^{n+1} = XQ_0^n = 0$，$Q_0^{n+1} = X = 0$，$Y = XQ_1^n = 0$

当 $X = 1$ 时，$Q_1^{n+1} = XQ_0^n = 0$，$Q_0^{n+1} = X = 1$，$Y = XQ_1^n = 1$

图 3-54 为完整状态图，由图可知不存在无效循环，故电路能够自启动。

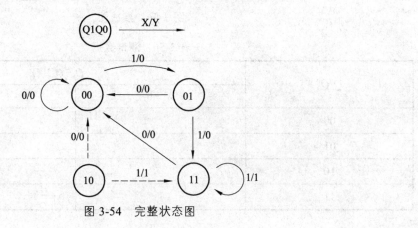

图 3-54 完整状态图

（7）画逻辑电路图。

根据驱动方程和输出方程，可画出逻辑图。如图 3-55。

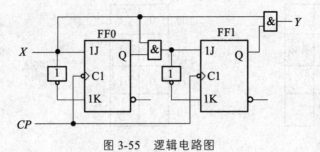

图 3-55　逻辑电路图

5. 实验内容

（1）按图 3-55 接线，测试该同步时序逻辑电路功能，数据记录在表 3-55 中。

表 3-55　测试数据

$Q_1^n Q_0^n$	$Q_1^{n+1} Q_0^{n+1} / Y$	
	$X = 0$	$X = 1$
00		
01		
10		
11		

（2）按图 3-56 接线，测试该同步时序逻辑电路逻辑功能，数据记录在表 3-56。

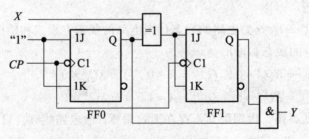

图 3-56　接线图

表 3-56　测试数据

$Q_1^n Q_0^n$	$Q_1^{n+1} Q_0^{n+1} / Y$	
	$X = 0$	$X = 1$
00		
01		
10		
11		

（3）按图3-57接线，测试该异步时序逻辑电路逻辑功能，用示波器观察 Q_1 和 Q_0 的波形，数据记录在表3-57。

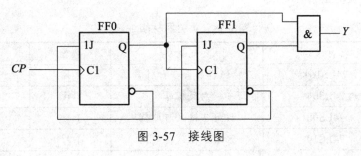

图3-57　接线图

表3-57　测试数据

$Q_1^n Q_0^n$	$Q_1^{n+1} Q_0^{n+1} / Z$
00	
01	
10	
11	

（4）用 D 触发器设计一个 8421 BCD 码同步十进制加计数器。验证其功能逻辑，自拟表格记录数据。

6. 实验报告

（1）论证自己设计的逻辑电路的正确性及优缺点。

7. 思考题

（1）同步时序逻辑电路与异步时序逻辑电路的区别在哪里？
（2）同步时序逻辑电路的设计中讨论自启动有什么意义？
（3）异步时序逻辑电路中状态的变换是由哪些因素决定的？

实验 12　集成计数器的应用（一）

1. 预习要求

（1）复习有关计数器的相关内容；
（2）画出实验内容中的相关电路图。

2. 实验目的

（1）掌握中规模集成计数器的逻辑功能和使用方法；
（2）掌握用集成计数器实现任意模数计数器的方法。

3. 实验器材

实验器材如表 3-58。

表 3-58　实验器材明细表

序号	器材名称	功能说明	数量	备注
1	74LS161	四位二进制同步加计数器	2 片	
2	74LS04	六反相器	1 片	
3	74LS00	四组 2 输入与非门	1 片	
4	74LS10	三组 3 输入与非门	1 片	
5	74LS20	二组 2 输入与非门	1 片	
6	示波器		1 台	

4. 实验原理

1）计数器介绍

计数器是用来累计时钟脉冲（CP 脉冲）个数的时序逻辑部件。它是在数字系统中用途最广泛的基本部件之一，几乎在各种数字系统中都有计数器。它不仅可以计数，还可以对 CP 脉冲分频，以及构成时间分配器或时序发生器，对数字系统进行定时、程序控制操作。此外，还能用它执行数字运算。计数器是由基本的计数单元和一些控制门所组成，计数单元则由一系列具有存储信息功能的各类触发器构成，这些触发器有 RS 触发器、T 触发器、D 触发器及 JK 触发器等。计数器的种类很多，按时钟脉冲输入方式的不同，可分为同步计数器和异步计数器；按进位体制的不同，可分为二进制计数器和非二进制计数器；按计数过程中数字增减趋势的不同，可分为加计数器、减计数器和可逆计数器。如表 3-59 所示。

表 3-59　中规模集成计数器

型号	模式	预置	清零	工作频率
74LS162A	十进	同步	同步（低）	25 MHz
74LS160A	十进	同步	异步（低）	25 MHz
74LS168	十进可逆	同步	无	40 MHz
74LS190	十进可逆	异步	无	20 MHz
74ALS568	十进可逆	同步	同步（低）	20 MHz
74LS163A	4 位二进	同步	同步（低）	25 MHz
74LS161A	4 位二进	同步	异步（低）	25 MHz
74ALS561	4 位二进	同步	同步（低） 异步（低）	30 MHz
74LS193	4 位二进可逆	异步	异步（高）	25 MHz
74LS191	4 位二进可逆	异步	无	20 MHz
74ALS569	4 位二进可逆	同步	异步（低）	20 MHz
74ALS867	8 位二进	同步	同步	115 MHz
74ALS869	8 位二进	异步	异步	115 MHz

2）74LS161

74LS161 为四位二进制同步计数器，逻辑符号和引脚排列图如图 3-58 所示。其中 $\overline{CR}$ —— 清零端；$\overline{PE}$ —— 置数端；CP —— 计数脉冲输入端；TC —— 进位输出端；Q_3、Q_2、Q_1、Q_0 —— 计数器输出端；D_3、D_2、D_1、D_0 —— 数据输入端；CET、CEF —— 工作状态控制端。

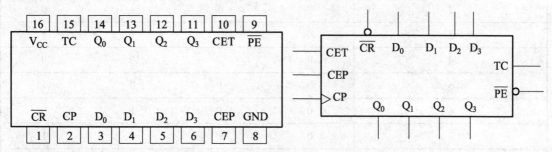

图 3-58　74LS161 引脚排列图和逻辑符号

74LS161 功能表如表 3-60 所示。

表 3-60　74LS161 功能表

输　　　入						输　　出	
清零	预置	使能		时钟	预置数据输入	计　数	进　位
$\overline{CR}$	$\overline{PE}$	CEP	CET	CP	$D_3D_2D_1D_0$	$Q_3Q_2Q_1Q_0$	TC
0	×	×	×	×	× × × ×	0 0 0 0	0
1	0	×	×	↑	$D_3D_2D_1D_0$	$D_3D_2D_1D_0$	*
1	1	0	×	×	× × × ×	保　持	*
1	1	×	0	×	× × × ×	保　持	*
1	1	1	1	↑	× × × ×	计　数	*

由真值表可知，74LS161 具有如下功能：

（1）异步清零。

当 $\overline{CR}$ = 0 时，$Q_3Q_2Q_1Q_0$ = 0000

（2）同步置数。

当 $\overline{CR}$ = 1，$\overline{PE}$ = 0，CP = ↑ 时，$Q_3Q_2Q_1Q_0 = D_3D_2D_1D_0$

（3）保持。

当 $\overline{CR} = \overline{PE}$ = 1，$CEP \cdot CET$ = 0 时，$Q_3^{n+1}Q_2^{n+1}Q_1^{n+1}Q_0^{n+1} = Q_3^nQ_2^nQ_1^nQ_0^n$

（4）计数。

当 $\overline{CR} = \overline{PE} = CEP = CET$ = 1，CP = ↑ 时，74LS161 处于计数状态，每来一个时钟脉冲，$Q_3Q_2Q_1Q_0$ 的值加 1，状态表如表 3-61 所示。

表 3-61　状态表

CP	Q_3	Q_2	Q_1	Q_0
0	0	0	0	0
1	0	0	0	1
2	0	0	1	0
3	0	0	1	1
4	0	1	0	0
5	0	1	0	1
6	0	1	1	0
7	0	1	1	1
8	1	0	0	0
9	1	0	0	1
10	1	0	1	0
11	1	0	1	1
12	1	1	0	0
13	1	1	0	1
14	1	1	1	0
15	1	1	1	1
16	0	0	0	0

3）用集成计数器构成任意进制计数器

例 1　用 74LS161 构成九进制加计数器。

解： 九进制计数器有 9 个状态，而 74LS161 在计数过程中有 16 个状态。如果设法跳过多余的 7 个状态，则可实现模 9 计数器。

方法一：反馈清零法。如图 3-59 所示。

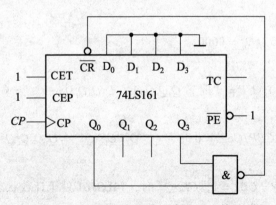

图 3-59　用反馈清零实现九进制计数器

方法二：反馈置数法。如图 3-60 所示。

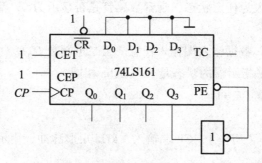

图 3-60　用反馈置数法实现九进制计数器

例 2　用 2 片 74LS161 扩展成 256 进制加计数器。

解：可以用时钟同步的扩展方法，将低位的进位输出端 TC 接到高位的使能端 CET 和 CEP。如图 3-61 所示。

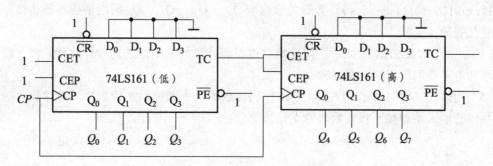

图 3-61　同步扩展的 256 进制计数器

也可以用异步的扩展方法。如图 3-62 所示。

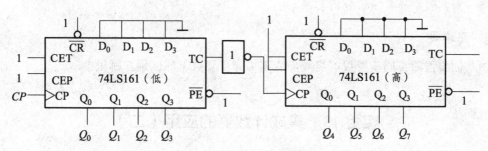

图 3-62　异步扩展的 256 进制计数器

5. 实验内容

（1）测试 74LS161 的逻辑功能。

计数脉冲由单次脉冲源提供，清零端 $\overline{CR}$、置数端 $\overline{PE}$、数据输入端 $D_A D_B D_C D_D$ 分别接逻辑开关，计数器的输出端 Q_A、Q_B、Q_C、Q_D 分别和数码管输入端 A、B、C、D 相接和电平指示器相接。

按表 3-60 逐项测试 74LS161 逻辑功能，判断此集成电路功能是否正常。

① 清零。

令 $\overline{CR}=0$，其他输入为任意状态，观察数码管是否显示为 0，清零后，置 $\overline{CR}=1$。

② 置数。

令 $\overline{CR}=1$，$\overline{PE}=0$，数据输入端输入任意一组二进制数 $D_D D_C D_B D_A = dcba$，当 CP 输入一个单脉冲后，观察电平指示器的状态是否与 dcba 相同。

预置功能完成后，置 $\overline{PE}=1$。

③ 计数。

令 $\overline{CR}=\overline{PE}=CET=CEP=1$，CP 端输入 1 kHz 矩形脉冲，用示波器观察 CP、Q_0、Q_1、Q_2、Q_3 波形。

（2）用一片 74LS161 组成模十进制计数器，该计数器的状态为：0000→0001→0010→…→1001→0000→0001→…。将计数器的输出端 Q_A、Q_B、Q_C、Q_D 和数码管输入端 A、B、C、D 相接，观察数码管变化规律。

（3）用一片 74LS161 组成模十进制计数器，该计数器的状态为：0110→0111→1000→…→11111→0110→0111→…。将计数器的输出端 Q_A、Q_B、Q_C、Q_D 和电平指示器相接，观察输出变化规律。

（4）用两片 74LS161 组成一个按自然二进制码计数的二十四进制加计数器。将计数器的输出端和电平指示器相接，观察输出变化规律。

（5）用两片 74LS161 组成按 8421BCD 码计数的二十四进制加计数器。将计数器的输出端和数码管输入端相接，观察数码管变化规律。

6. 实验报告

（1）整理实验数据，并画出波形图；
（2）总结用中规模集成计数器构成任意进制计数器的方法；
（3）对实验中异常现象分析。

7. 思考题

（1）同步清零（同步置数）与异步清零（异步置数）的区别在哪里？

实验 13　集成计数器的应用（二）

1. 预习要求

（1）复习有关计数器部分内容；
（2）预习实验内容，按照要求画出电路图。

2. 实验目的

（1）掌握中规模集成计数器的逻辑功能和使用方法；
（2）掌握用集成计数器实现任意模数计数器的方法。

3. 实验器材

实验器材如表 3-62。

表 3-62　实验器材明细表

序号	器材名称	功能说明	数量	备注
1	74LS290	异步二—五—十进制计数器	2 片	
2	74LS192	双时钟十进制同步可逆计数器	2 片	
3	74LS08	四组 2 输入与门	1 片	

4. 实验原理

1）74LS290 芯片介绍

74LS290 为异步二—五—十进制计数器，图 3-63 为引脚排列图，其中 $R_{9(1)}$、$R_{9(2)}$——置 9 输入端；$R_{0(1)}$、$R_{0(2)}$——置 0 输入端；CP_A、CP_B——脉冲输入端，Q_A、Q_B、Q_C、Q_D——计数器输出端。表 3-63 为 74LS290 功能表。由功能表可知，74LS290 具有如下功能：

当 $R_{9(1)} \cdot R_{9(2)} = 1$ 时，$Q_D Q_C Q_B Q_A = 1001$，异步置 9；

当 $R_{9(1)} \cdot R_{9(2)} = 0$，$R_{0(1)} \cdot R_{0(2)} = 1$ 时，$Q_D Q_C Q_B Q_A = 0000$，异步清零；

当 $R_{9(1)} \cdot R_{9(2)} = 0$，$R_{0(1)} \cdot R_{0(2)} = 0$ 时，计数器处于计数功能；

若 $CP_A = CP$、$CP_B = 0$，Q_A 输出，为二进制计数器；

若 $CP_A = 0$、$CP_B = CP$，Q_B、Q_C、Q_D 输出，为五进制计数器；

若 $CP_A = CP$、$CP_B = Q_A$，Q_A、Q_B、Q_C、Q_D 输出，为 8421 十进制；

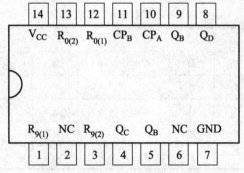

图 3-63　74LS290 引脚排列图

表 3-63　74LS290 的功能表

输　入				输　出
$R_{0(1)} \cdot R_{0(2)}$	$R_{9(1)} \cdot R_{9(2)}$	CP_B	CP_A	$Q_D Q_C Q_B Q_A$
X	1	X	X	1　0　0　1
1	0	X	X	0　0　0　0
0	0	0	CP	二进制计数器
0	0	CP	0	五进制计数器
0	0	Q_A	CP	8421 十进制计数器

2）74LS192 芯片介绍

74LS192 为双时钟同步十进制可逆计数器，引脚排列如图 3-64 所示。其中 $\overline{LD}$——置数端；CP_U——加计数脉冲输入端；CP_D——减计数脉冲输入端；$\overline{CO}$——进位输出端；$\overline{BO}$——借位输出端；Q_A、Q_B、Q_C、Q_D——计数器输出端；A、B、C、D——数据输入端；CR——清零端。表 3-64 为 74LS192 功能表。

由真值表可知，74LS190 具有如下功能：

当 $CR = 1$ 时，$Q_DQ_CQ_BQ_A = 0000$，异步清零；

当 $CR = 0$，$\overline{LD} = 0$ 时，$Q_DQ_CQ_BQ_A = DCBA$，异步置数；

当 $CR = 0$，$\overline{LD} = 1$，执行计数功能。执行加计数时，$CP_D = 1$，$CP_U = CP$；执行减计数时，$CP_D = CP$，$CP_U = 1$。表 3-65 为 8421 码十进制加法计数器的状态转换表，表 3-66 为 8421 码十进制减法计数器的状态转换表。

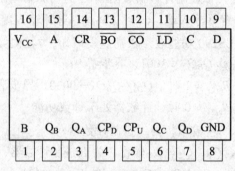

图 3-64　74LS192 引脚排列图

表 3-64　74LS192 的功能表

输　　入								输　　出			
CR	$\overline{LD}$	CP_U	CP_D	D	C	B	A	Q_D	Q_C	Q_B	Q_A
1	×	×	×	×	×	×	×	0	0	0	0
0	0	×	×	d	c	b	a	d	c	b	a
0	1	↑	1	×	×	×	×	加　计　数			
0	1	1	↑	×	×	×	×	减　计　数			

表 3-65　8421 码十进制加法计数器状态转换表

输入脉冲数	输出			
	Q_D	Q_C	Q_B	Q_A
0	0	0	0	0
1	0	0	0	1
2	0	0	1	0
3	0	0	1	1
4	0	1	0	0

输入脉冲数	输出			
	Q_D	Q_C	Q_B	Q_A
5	0	1	0	1
6	0	1	1	0
7	0	1	1	1
8	1	0	0	0
9	1	0	0	1
10	0	0	0	0

表 3-66　8421 码十进制减法计数器状态转换表

输入脉冲数	输出			
CP	Q_D	Q_C	Q_B	Q_A
0	0	0	0	0
1	1	0	0	1
2	1	0	0	0
3	0	1	1	1
4	0	1	1	0
5	0	1	0	1
6	0	1	0	0
7	0	0	1	1
8	0	0	1	0
9	0	0	0	1
10	0	0	0	0

3）实现任意进制计数

（1）用 74LS290 构成十进制计数器。如图 3-65 所示。

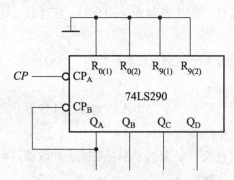

图 3-65　74LS290 构成十进制计数器

（2）用两片 74LS290 构成一百进制计数器。如图 3-66 所示。

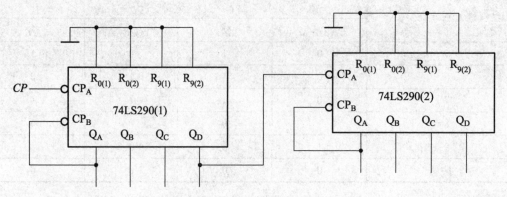

图 3-66　74LS290 扩展成一百进制计数器

（3）用 74LS192 构成九进制计数器。如图 3-67 所示。

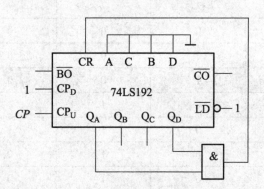

图 3-67　74LS192 构成九进制加法计数器

5. 实验内容

（1）用一片 74LS290 设计一个八进制加法计数器，将计数器的输出端和数码管输入端相接，观察数码管变化规律。

（2）用两片 74LS290 设计一个二十四进制加法计数器，将计数器的输出端和数码管输入端相接，观察数码管变化规律。

（3）用一片 74LS192 设计一个八进制加法计数器，将计数器的输出端和数码管输入端相接，观察数码管变化规律。

（4）用一片 74LS192 设计一个八进制减法计数器，将输出接入试验箱上的数码管输入端，观察数码管变化规律。

（5）用两片 74LS192 设计设计一个二十四进制加法计数器，将计数器的输出端和数码管输入端相接，观察数码管变化规律。

（6）用两片 74LS192 设计设计一个二十四进制减法计数器，将计数器的输出端和数码管输入端相接，观察数码管变化规律。

6. 实验报告

（1）整理实验数据；

（2）对实验中异常现象分析。

7. 思考题

（1）分析下图的逻辑功能。

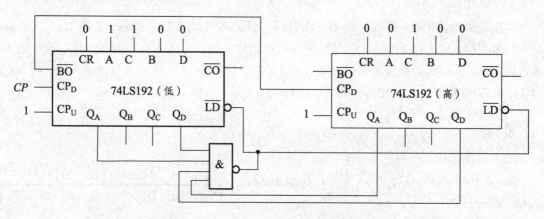

实验 14　移位寄存器的应用

1. 预习要求

（1）复习有关移位寄存器的相关内容；

（2）预习实验内容，按照要求画出电路图并列出测试表格。

2. 实验目的

（1）掌握中规模集成移位寄存器的逻辑功能和使用方法；

（2）掌握移位寄存器的应用。

3. 实验器材

实验器材如表 3-67。

表 3-67　实验器材明细表

序号	器材名称	功能说明	数量	备注
1	74LS194	四位双向移位寄存器	2 片	
2	74LS00	四组 2 输入与非门	1 片	
3	74LS04	六反相器	1 片	
4	示波器		1 台	

4. 实验原理

移位寄存器不仅能寄存数据,而且能在时钟信号的作用下使其中的数据依次左移或右移。寄存器的应用很广,在运算电路中可以用移位寄存器和加法器共同完成乘法、除法等运算功能。在通信电路中可以用移位寄存器将串行码转换成并行码,或将并行码转换成串行码。此外还可以用移位寄存器构成移位寄存器型计数器和顺序脉冲发生器等电路。

1)74LS194

本实验采用四位双向移位寄存器 74LS194,引脚排列如图 3-68 所示,D_A、D_B、D_C、D_D 为并行数据输入端;Q_A、Q_B、Q_C、Q_D 为并行数据输出端;S_R 为右移串行输入端;S_L 为左移串行输入端;S_1、S_0 为操作模式控制端;$\overline{CR}$ 为异步清零端;CP 为时钟脉冲输入端。表 3-68 为 74LS194 功能表。由功能表可知,74LS194 具有如下功能:

(1)异步清零。

当 $\overline{CR} = 0$ 时,$Q_A Q_B Q_C Q_D = 0000$。

(2)同步送数。

当 $\overline{CR} = 1$,$S_1 S_0 = 11$,$CP = \uparrow$ 时,$Q_A Q_B Q_C Q_D = D_A D_B D_C D_D$。

(3)右移。

当 $\overline{CR} = 1$,$S_1 S_0 = 01$,$CP = \uparrow$ 时,$Q_A Q_B Q_C Q_D = S_R Q_A^n Q_B^n Q_C^n$(方向由 $Q_A \rightarrow Q_D$)。

(4)左移。

当 $\overline{CR} = 1$,$S_1 S_0 = 10$,$CP = \uparrow$ 时,$Q_A Q_B Q_C Q_D = Q_B^n Q_C^n Q_D^n S_L$(方向由 $Q_D \rightarrow Q_A$)。

(5)保持。

当 $\overline{CR} = 1$,$S_1 S_0 = 00$ 时,$Q_A Q_B Q_C Q_D = Q_A^n Q_B^n Q_C^n Q_D^n$。

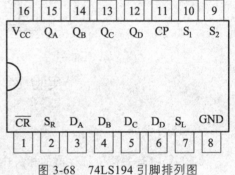

图 3-68 74LS194 引脚排列图

表 3-68 74LS194 功能表

CP	$\overline{CR}$	S_1	S_0	功能	$Q_A Q_B Q_C Q_D$
×	0	×	×	清除	$\overline{CR} = 0$,使 $Q_A Q_B Q_C Q_D = 0000$,寄存器正常工作时,$\overline{CR} = 1$
↑	1	1	1	送数	CP 上升沿作用后,并行输入数据送入寄存器。$Q_A Q_B Q_C Q_D = D_A D_B D_C D_D$,此时串行数据($S_R$、$S_L$)被禁止
↑	1	0	1	右移	串行数据送至右移输入端 S_R,CP 上升沿进行右移。$Q_A Q_B Q_C Q_D = S_R Q_A^n Q_B^n Q_C^n$
↑	1	1	0	左移	串行数据送至左移输入端 S_L,CP 上升沿进行左移。$Q_A Q_B Q_C Q_D = Q_B^n Q_C^n Q_D^n S_L$
↑	1	0	0	保持	$Q_A Q_B Q_C Q_D = Q_A^n Q_B^n Q_C^n Q_D^n$
↓	1	×	×	保持	$Q_A Q_B Q_C Q_D = Q_A^n Q_B^n Q_C^n Q_D^n$

2）应用举例

（1）环形计数器。

把移位寄存器的输出反馈到它的串行输入端，就可以进行循环移位，如图 3-69（a）的四位寄存器，把输出 Q_D 和右移串行输入端 S_R 相连接，设初始状态 $Q_AQ_BQ_CQ_D = 1000$，则在时钟脉冲作用下 $Q_AQ_BQ_CQ_D$ 将依次变为 0100→0010→0001→1000→…，可见它是一个具有四个有效状态的计数器，这种类型的计数器通常称为环形计数器。图 3-69（b）为其波形图。由波形图可知，该电路可以在各个输出端输出在时间上有先后顺序的脉冲，因此也叫做顺序脉冲发生器。

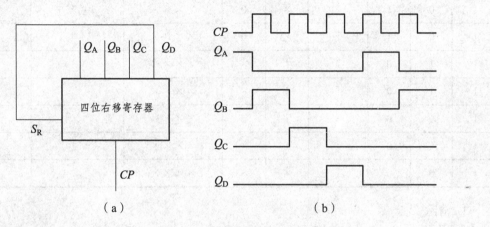

图 3-69 四位寄存器及波形图

（2）实现数据串、并行转换。

移位寄存器可以实现数据的串并行转换，如把串行输入的数据转换成并行输出、把并行输入的数据转换成串行输出，其原理如图 3-70 所示。

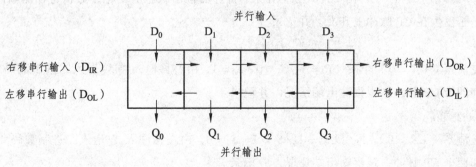

图 3-70 串并行转换原理图

5. 实验内容

（1）测试 74LS194 的逻辑功能。

$\overline{CR}$、S_1、S_0、S_L、S_R、D_A、D_B、D_C、D_D 分别接逻辑开关，Q_A、Q_B、Q_C、Q_D 接电平指示器，CP 接单次脉冲源，按表 3-69 所规定的输入状态，逐项进行测试。

表 3-69 测试表

清除	模式		时钟	串行		输入	输出	功能总结
$\overline{CR}$	S_1	S_0	CP	S_L	S_R	$D_A D_B D_C D_D$	$Q_A Q_B Q_C Q_D$	
0	×	×	×	×	×	× × × ×		
1	1	1	↑	×	×	$a\ b\ c\ d$		
1	0	1	↑	×	0	× × × ×		
1	0	1	↑	×	1	× × × ×		
1	0	1	↑	×	0	× × × ×		
1	0	1	↑	×	0	× × × ×		
1	1	0	↑	1	×	× × × ×		
1	1	0	↑	1	×	× × × ×		
1	1	0	↑	1	×	× × × ×		
1	1	0	↑	1	×	× × × ×		
1	0	0	↑	×	×	× × × ×		

① 清除。

令 $\overline{CR} = 0$，其他输入均为任意状态，这时寄存器输出 Q_A、Q_B、Q_C、Q_D 均为零。清除功能完成后，置 $\overline{CR} = 1$。

② 送数。

令 $\overline{CR} = S_1 = S_0 = 1$，送入任意四位二进制数，如 $D_A D_B D_C D_D = abcd$，加 CP 脉冲，观察 $CP = 0$，CP 由 $0 \rightarrow 1$，CP 由 $1 \rightarrow 0$ 三种情况下寄存器输出状态的变化，分析寄存器输出状态变化是否发生在 CP 脉冲上升沿，并记录。

③ 右移。

先清零（$\overline{CR} = 0$），再令 $\overline{CR} = 1$、$S_1 = 0$、$S_0 = 1$，由右移输入端 S_R 送入二进制数码 0100，连续加四个 CP 脉冲，观察输出端情况，并记录。

④ 左移。

先清零（$\overline{CR} = 0$），再令 $\overline{CR} = 1$、$S_1 = 1$、$S_0 = 0$，由左移输入 S_L 送入二进制数码 1111，连续加四个 CP 脉冲，观察输出端情况，并记录。

⑤ 保持。

寄存器数据输入端 $D_A D_B D_C D_D$ 预置任意四位二进制数码，如 1011。

令 $\overline{CR} = 1$、$S_1 = S_0 = 1$，加 CP 脉冲，观察寄存器输出状态，并记录。

（2）用一片 74LS194 设计一个环形计数器，给定初值为 $Q_A Q_B Q_C Q_D = 1000$，要求状态表如表 3-70。

表 3-70　状态表

CP	Q_A	Q_B	Q_C	Q_D
0	1	0	0	0
1	0	1	0	0
2	0	0	1	0
3	0	0	0	1
4	1	0	0	0

（3）用一片 74LS194 设计一个扭环形计数器，给定初值为 $Q_AQ_BQ_CQ_D = 0000$，要求状态表如表 3-71。

表 3-71　状态表

CP	Q_A	Q_B	Q_C	Q_D
0	0	0	0	0
1	0	0	0	1
2	0	0	1	1
3	0	1	1	1
4	1	1	1	1
5	1	1	1	0
6	1	1	0	0
7	1	0	0	0
8	0	0	0	0

（4）用一片 74LS194 实现数据的串、并行转换。

① 串行输入、串行输出；

② 并行输入、并行输出；

③ 并行输入、串行输出；

④ 串行输入、并行输出。

要求画出逻辑图，自拟表格，记录数据。

6. 实验报告

（1）整理实验数据；

（2）分析表 3-69 的实验结果，总结移位寄存器 74LS194 的逻辑功能写入表格功能总结一栏中；

（3）对实验中异常现象分析。

7. 思考题

（1）如何用 D 触发器设计一个双向移位寄存器？

（2）74LS194 最多能构成几进制计数器，如何设计？

实验 15　集成单稳态触发器与施密特触发器及应用

1. 预习要求

（1）复习有关集成单稳态触发器和施密特触发器部分内容；

（2）预习实验内容，按照要求画出电路图并列出相应表格；

（3）分析实验原理中各电路图的工作原理。

2. 实验目的

（1）熟悉集成单稳态触发器与施密特触发器的功能与用途；

（2）掌握用集成单稳态触发器和施密特触发器设计电路的方法。

3. 实验器材

实验器材如表 3-72。

表 3-72　实验器材明细表

序号	器材名称	功能说明	数量	备注
1	74LS121	单稳态触发器	1 片	
2	CC4011	CMOS 四输入与非门集成电路	1 片	
3	示波器		1 台	
4	电阻		若干	
5	电容		若干	

4. 实验原理

1）集成单稳态触发器功能

单稳态触发器的工作特性具有如下的显著特点：

（1）电路有稳态和暂稳态两个不同的工作状态；

（2）在外界触发脉冲作用下，能从稳态翻转到暂稳态，在暂稳态维持一段时间后，再自动返回稳态；

（3）暂稳态维持时间的长短取决于电路的 RC 延时环节的参数值，与触发脉冲的宽度和幅度无关，是一个不能长久保持的状态。

由于具备这些特点，因此单稳态触发器被广泛用于脉冲整形、延时和定时等。

单稳态触发器可以由门电路构成，也有集成单稳态触发器。用门电路构成的单稳态触发器虽然电路简单，但输出脉宽的稳定性差，调节范围小，且触发方式单一。集成单稳态触发器由于内部电路还附加了上升沿和下降沿触发的控制和置零等功能，因此使用时只需外接很少的元件和连线，所有使用极为方便。

本实验采用的集成单稳态触发器的型号为74LS121，引脚排列图如图3-71所示，逻辑符号如图3-72所示，表3-73为功能表。其中 A_1、A_2、B 为触发输入端，A_1 和 A_2 为↓触发输入端，B 为↑触发输入端，有两种触发方式：第一种是 B 加↑，A_1 和 A_2 至少有一个低电平；第二种方式是，A_1 或 A_2 加↓（剩下一个端接高电平），B 接高电平。Q 和 $\overline{Q}$ 为输出端，Q 输出正脉冲，$\overline{Q}$ 输出负脉冲。R_{int}、R_{ext}/C_{ext}、C_{ext} 为外接电阻、电容端，10（C_{ext}）与11（R_{ext}/C_{ext}）间接外电容 C_{ext}；电阻的连接方式有两种，第一种是11（R_{ext}/C_{ext}）与14（V_{CC}）间接外电阻 R_{ext}，此时输出脉冲的宽度 $t_w = 0.7R_{ext}C_{ext}$；第二种是使用内部设置的电阻 R_{int}，即9（R_{int}）和14（V_{CC}）相接，此时输出脉冲的宽度 $t_w = 0.7R_{int}C_{ext}$，但 R_{int} 的值不太大（约为 2 kΩ），所以在希望得到较宽的输出脉冲时，仍需使用外接电阻。

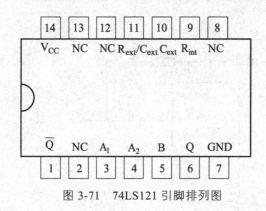

图 3-71　74LS121 引脚排列图　　　　图 3-72　74LS121 逻辑符号

表 3-73　74LS121 功能表

A_1	A_2	B	Q	$\overline{Q}$
0	x	1	0	1
x	0	1	0	1
x	x	0	0	1
1	1	x	0	1
1	↓	1	正脉冲	负脉冲
↓	1	1	正脉冲	负脉冲
↓	↓	1	正脉冲	负脉冲
0	x	↑	正脉冲	负脉冲
x	0	↑	正脉冲	负脉冲

2）74LS121 应用

（1）延时。如图 3-73 所示。

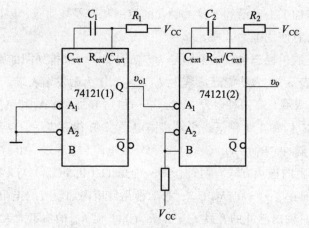

图 3-73　用 74LS121 实现延时

（2）构成多谐振荡器。如图 3-74 所示。

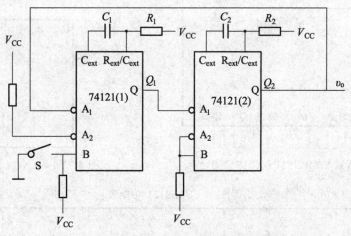

图 3-74　用 74LS121 构成多谐振荡器

（3）消除噪声。如图 3-75 所示。

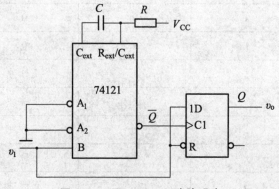

图 3-75　用 74LS121 消除噪声

3）施密特触发器

施密特触发器多用于波形的整形，能将正弦波、三角波或者其他不规则信号转换为矩形波。施密特触发器工作特点如下：

（1）施密特触发器属于电平触发器件，当输入信号达到某一定电压值时，输出电压会发生突变。

（2）电路有两个阈值电压。输入信号增加和减少时，电路的阈值电压分别是正向阈值电压（V_{T+}）和负阈值电压（V_{T-}）。

施密特触发器分两种，一种是同相的施密特触发器，如图 3-76（a）；另外一种是反相的施密特触发器，如图 3-76（b）。

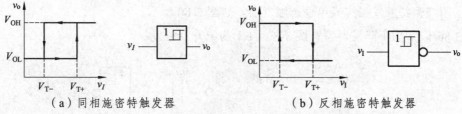

（a）同相施密特触发器　　　　　（b）反相施密特触发器

图 3-76　施密特触发器的电压传输特性和逻辑符号

CC40106 是集成六施密特触发器，多应用于波形的转换，也可构成多谐振荡器、单稳态触发器。图 3-77 为引脚排列图和逻辑符号。

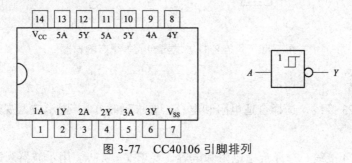

图 3-77　CC40106 引脚排列

4）施密特触发器应用

（1）波形的转换。如图 3-78 所示。

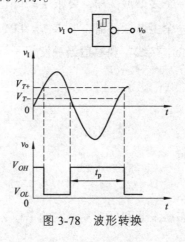

图 3-78　波形转换

（2）用施密特触发器构成多谐振荡器。如图 3-79 所示。

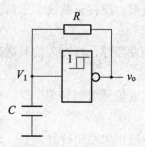

图 3-79　用施密特触发器构成多谐振荡器

（3）用施密特触发器构成单稳态触发器。如图 3-80 所示。

图 3-80（a）为下降沿触发；图 3-80（b）为上升沿触发。

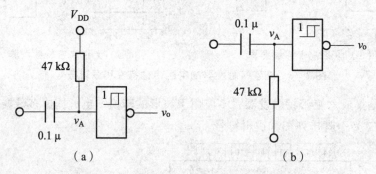

图 3-80　用施密特触发器构成单稳态触发器

5. 实验内容

（1）按图 3-73 接线，选择合适电阻和电容，要求延时 0.1。用示波器观察 v_I 和 v_O 的波形和并记录。

（2）按图 3-74 接线，选择合适电阻和电容，要求 $T = 0.1$ s。用示波器观察观察 v_O 波形并记录。

（3）用施密特触发器设计一个多谐振荡器，要求 $T = 0.01$ s，占空比 $q = 50\%$。

（4）用施密特触发器设计一个多谐振荡器，要求 $T = 0.01$ s，占空比 $q = 70\%$。

（5）分别按图 3-80（a）、（b）接线，观察适当触发信号给入后，输出的状态变化情况，并记录下来。

6. 实验报告

（1）整理实验数据；

（2）对实验中异常现象分析。

7. 思考题

（1）不可重复触发的单稳态触发器和可重复触发的单稳态触发器有何不同？

实验 16 555 定时器的应用

1. 预习要求

（1）复习 555 定时器部分内容；

（2）预习实验内容，按照要求设计电路图并列出相应表格。

2. 实验目的

（1）了解 555 定时器的电路结构和逻辑功能。

（2）掌握 555 定时的典型应用。

3. 实验器材

实验器材如表 3-74。

表 3-74 实验器材明细表

序号	器材名称	功能说明	数量	备注
1	5G555	集成定时器	2 片	
2	电阻、电容		若干	
3	示波器		1 台	

4. 实验原理

1）集成 555 定时器 5G555 介绍

集成 555 定时器是一种模拟、数字混合型的中规模集成电路，只要外接少量的电阻、电容等元件，就可构成单稳态触发器、多谐振荡器和施密特触发器。在测量与控制、家用电器和电子玩具等许多领域得到了广泛的应用。定时器有双极型（型号最后三位为 555）和 CMOS 型（型号最后四位为 7555）两类电路，它们的功能、外引线排列完全相同。图 3-81 为 5G555 定时器内部逻辑图和引脚排列图。

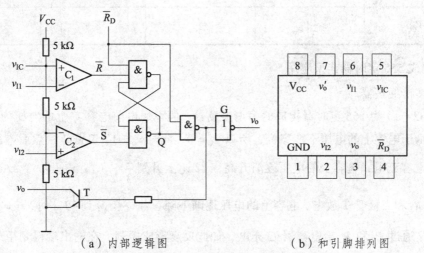

（a）内部逻辑图 （b）和引脚排列图

图 3-81 5G555 定时器内部逻辑图和引脚排列图

555 定时器由分压器、比较器、基本 RS 触发器、放电管和输出缓冲器组成。比较器的参考电压由 3 个 5 kΩ的电阻组成的分压器提供，它们分别使比较器 C_1 的同相输入端和 C_2 的反相输入端的电位为 $\frac{2}{3}V_{CC}$ 和 $\frac{1}{3}V_{CC}$，如果在控制电压端 v_{IC}（引脚 5）外加控制电压，就可以方便地改变两个比较器的比较电压，若控制电压端 5 不用时需在该端与地之间接个约 0.01 μF 的电容以清除外接干扰，保证参考电压的稳定。比较器 C_1 的反相端输入端（引脚 6）接 v_{I1}，称为阈值输入端；C_2 的同相输入端（引脚 2）接 v_{I2}，称为触发输入端。比较器的工作原理为：当 $V_+ > V_-$ 时，$V_O = 1$；当 $V_+ < V_-$ 时，$V_O = 0$。基本 RS 触发器由两个与非门构成，$\overline{R_D}$（引脚 4）为复位端，当 $\overline{R_D} = 0$ 时，$v_o = 0$；$\overline{R_D} = 1$ 时，触发器的状态受比较器输入 v_{I1} 和 v_{I2} 的控制。当 $v_{I1} > \frac{2}{3}V_{CC}$，$v_{I2} > \frac{1}{3}V_{CC}$ 时，$\overline{R} = 0$，$\overline{S} = 1$，所以 $Q = 0$；当 $v_{I1} < \frac{2}{3}V_{CC}$，$v_{I2} > \frac{1}{3}V_{CC}$ 时，$\overline{R} = 1$，$\overline{S} = 1$，所以 Q 保持不变；当 $v_{I2} < \frac{1}{3}V_{CC}$ 时，$\overline{S} = 0$，所以 $Q = 1$。输出缓冲器由接在输出端的非门构成，其作用是提高定时器的带负载能力，隔离负载对定时器的影响。非门的输出为定时器的输出端 v_o（引脚 3）。放电管 T 在此电路中作为开关使用，其状态受触发器 $\overline{Q}$ 端控制，当 $\overline{Q} = 0$ 时，T 截止，$\overline{Q} = 1$ 时，T 饱和导通。放电管 T 的集电极 v_o'（引脚 7）为放电端。表 3-75 为 5G555 的功能表。

表 3-75　5G555 定时器功能表

输　　　入			输　　　出	
阈值输入（v_{I1}）	触发输入（v_{I2}）	复位（$\overline{R_D}$）	输出（v_o）	放电管 T
×	×	0	0	导通
×	$< \frac{1}{3}V_{CC}$	1	1	截止
$> \frac{2}{3}V_{CC}$	$> \frac{1}{3}V_{CC}$	1	0	导通
$< \frac{2}{3}V_{CC}$	$> \frac{1}{3}V_{CC}$	1	不变	不变

2）集成 555 定时器典型应用

（1）多谐振荡器。

图 3-82（a）为 555 定时器构成的多谐振荡器。假设通电前电容 C 上的电压为 0。接通电源瞬间，由于电容上的电压不能突变，所以 $v_C = 0$，此时 $v_o = 1$，T 截止；然后电源 V_{CC} 通过 R_1、R_2 给电容充电，电容上的电压逐渐升高，当 v_C 上升到 $\frac{2}{3}V_{CC}$ 时，$v_o = 0$，T 导通，然后电容器 C 经 R_2 和三极管 T 放电，电容上的电压逐渐下降，当 v_C 下降到 $\frac{1}{3}V_{CC}$ 时，$v_o = 1$，T 截止，电源 V_{CC} 又通过 R_1 和 R_2 给电容器 C 充电，如此反复形成振荡，在输出端得到矩形波，输出波形图见 3-82（b）。

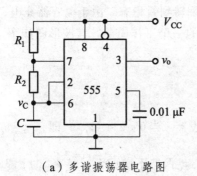
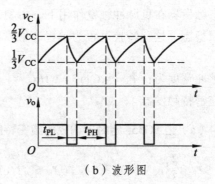

（a）多谐振荡器电路图 （b）波形图

图 3-82 多谐振荡器电路图及波形图

周期的计算。

$$t_{PH} = (R_1 + R_2)C\ln 2 \approx 0.7(R_1 + R_2)C$$

$$t_{PL} = R_2 C\ln 2 \approx 0.7 R_2 C$$

$$T = t_{PH} + t_{PL} = (R_1 + 2R_2)C\ln 2 \approx 0.7(R_1 + 2R_2)C$$

$$f = \frac{1}{T} \approx \frac{1.43}{(R_1 + 2R_2)}C$$

（2）单稳态触发器。

图 3-83（a）是 5G555 定时器构成的单稳态触发器。假设通电前电容 C 上的电压为 0。接通电源 V_{CC}，V_{CC} 通过 R 给 C 充电，v_C 上升，当上升到 $\frac{2}{3}V_{CC}$（此时 $v_I = 1$），$v_o = 0$，T 导通，然后 C 通过 T 放电，v_C 下降，当 $v_C = 0$，电路进入稳态，此时 $v_o = 0$，$v_C = 0$。

当 v_I 由高电平跳变到低电平时，即 $v_{I2} < \frac{1}{3}V_{CC}$，故 $v_o = 1$，T 截止，电路状态由稳态翻转到暂态；然后电源 V_{CC} 通过 R 给 C 充电，v_C 上升，当上升到 $\frac{2}{3}V_{CC}$（假设此时 v_I 为高电平），$v_o = 0$，T 导通。最后电容器 C 通过 T 放电，使电容上的电压为 0。电路由暂稳态自动返回到稳态。暂稳态时间由 RC 电路参数决定。

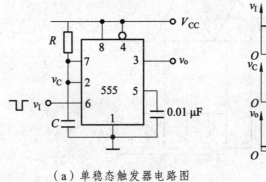
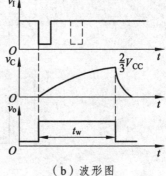

（a）单稳态触发器电路图 （b）波形图

图 3-83 单稳态触发器电路图与波形图

单稳态触发器在负脉冲触发作用下，由稳态翻转到暂稳态。由于电容器充电，又由暂稳态自动返回稳态。这一转换过程为单稳态触发器的一个工作周期。其波形图如图 3-83（b）所示。

输出脉冲宽度为：$T_W = RC \ln 3 = 1.1RC$

（3）施密特触发器。

图 3-84（a）是 5G555 定时器构成的施密特触发器。当 $0 < v_I < \frac{1}{3}V_{CC}$，即 $v_{I2} < \frac{1}{3}V_{CC}$ 时，$v_o = 1$；当 $\frac{1}{3}V_{CC} < v_I < \frac{2}{3}V_{CC}$，即 $v_{I1} > \frac{1}{3}V_{CC}$，$v_{I2} < \frac{2}{3}V_{CC}$ 时，v_o 保持不变；当 $v_I > \frac{2}{3}V_{CC}$ 时，即 $v_{I1} > \frac{1}{3}V_{CC}$，$v_{I2} > \frac{2}{3}V_{CC}$ 时，$v_o = 0$。图 3-84（b）为电压传输特性曲线，图 3-84（c）为输入为三角波时输出波形。

由波形图可知：$V_{T+} = \frac{2}{3}V_{CC}$，$V_{T-} = \frac{1}{3}V_{CC}$

回差电压：$\Delta V = V_{T+} - V_{T-} = \frac{2}{3}V_{CC} - \frac{1}{3}V_{CC} = \frac{1}{3}V_{CC}$

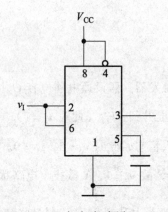

（a）电路图

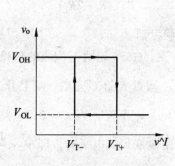

（b）电压传输特性曲线

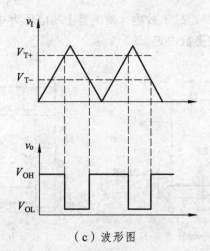

（c）波形图

图 3-84　施密特触发器电路图及波形图

5. 实验内容

（1）按图 3-82 接线，取 $R_1 = R_2 = 5.1$ kΩ，$C = 0.01$ μF，用示波器观察 v_C 和 v_O 波形并测量输出波形的周期和占空比。

（2）设计一个方波信号发生器，要求 $T = 0.1$ s，占空比为 50%，用示波器观察波形并测量输出波形参数。

（3）设计一个占空比可调的多谐振荡器，要求 $T = 0.1$ s，用示波器观察波形并测量输出波形参数。

（4）按图 3-83 连线，取 $R = 100$ kΩ，$C = 47$ μF，输入信号 v_I 由单次脉冲源提供，用示波器观测 v_I、v_C、v_O 波形。

（5）按图 3-84 接线，输入信号 v_I 的频率为 1 kHz，接通电源，逐渐加大 v_I 的幅度，观测输出波形，测绘电压传输特性，算出回差电压 ΔV。

（6）按图 3-85 接线，组成两个多谐振荡器，调节定时元件，使 Ⅰ 输出较低频率，Ⅱ 输出较高频率，连好线，接通电源，试听音响效果。

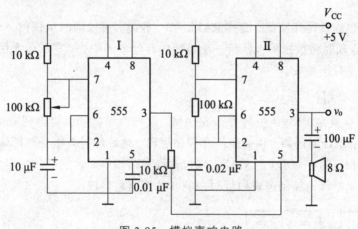

图 3-85　模拟声响电路

6. 实验报告

（1）整理实验数据；

（2）对实验中异常现象分析。

7. 思考题

（1）如何用示波器测定 555 定时器构成的施密特触发器的电压传输特性曲线？

实验 17　随机存储器的应用

1. 预习要求

（1）复习随机存储器 RAM 和只读储器 ROM 的基本工作原理；

（2）预习实验内容，按照要求列出相应表格。

2. 实验目的

（1）熟悉随机存储器的工作原理；

（2）了解 2114 存储器的工作原理和功能特性；

（3）掌握 2114 存储器的应用。

3. 实验器材

实验器材如表 3-76。

表 3-76　实验器材明细表

序号	器材名称	功能说明	数量	备注
1	2114	静态随机存储器	1 片	
2	万用表		1 台	

4. 实验原理

随机存储器也称读写存储器，简称 RAM。在工作时，可以随时从任何一个指定地址读出数据信息，也可以随时将数据写入任何一个指定的存储单元中去。它的最大优点是读写方便，使用灵活，缺点是数据易失。

1）2114 芯片介绍

2114 是存储容量为 1 K×4 位的静态 SRAM，其内部结构和引脚排列图如图 3-86 所示。它由三部分组成：地址译码器、存储矩阵和控制逻辑。地址译码器接受外部输入的地址信号，经过译码后确定相应的存储单元；存储矩阵包含许多存储单元，它们按一定的规律排列成矩阵形式，组成存储矩阵；控制逻辑由读写控制和片选电路构成。

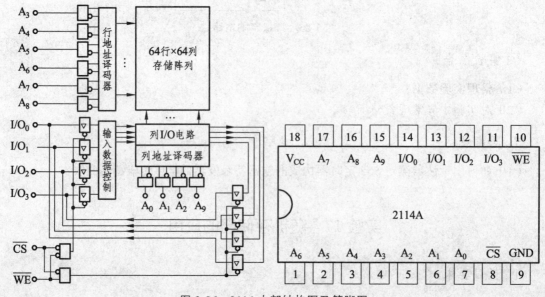

图 3-86　2114 内部结构图及管脚图

2114 是 1 024×4 位 RAM，可以选择 4 位的字 1 024 个。采用 X、Y 双向译码方式。4 096 个存储单元排列成 64 行×64 列矩阵，64 列中每四列为一组，分别由 16 根 Y 译码输出线控制。即每一根译码输出线控制存储矩阵中四列的数据输入、输出通路，读写操作在 $\overline{WE}$（读/写信号）和 $\overline{CS}$（选片信号）的控制下进行。表 3-77 是器件的功能表。

表 3-77　2114A 功能表

地址	$\overline{CS}$	$\overline{WE}$	$I/O_0 \sim I/O_3$
有效	1	×	高阻态
有效	0	1	读出数据
有效	0	0	写入数据

① 当器件要进行读操作时，首先输入要读出单元的地址码（$A_0 \sim A_9$），并使 $\overline{WE} = 1$，给定的地址的存储单元内容就经读写控制传送到三态输出缓冲器，而且只能在 $\overline{CS} = 0$ 时才能把读出数据送到引脚（$I/O_0 \sim I/O_3$）上。

② 当器件要进行写操作时，在 $I/O_0 \sim I/O_3$ 端输入要写入的数据，在 $A_0 \sim A_9$ 端输入要写入单元的地址码，然后再使 $\overline{WE} = 0$，$\overline{CS} = 0$。必须注意，在 $\overline{CS} = 0$ 时，$\overline{WE}$ 输入一个负脉冲，则能写入信息；同样，$\overline{WE} = 0$ 时，$\overline{CS}$ 输入一个负脉冲，也能写入信息。因此，在地址码改变期间，$\overline{WE}$ 或 $\overline{CS}$ 必须至少有一个为 1，否则会引起误写入，冲掉原来的内容。为了确保数据能可靠地写入，写脉冲宽度 t_{wp} 必须大于或等于手册所规定的时间区间，当写脉冲结束时，就标志这次写操作结束。

2）典型应用

（1）用 2114A 实现静态随机存取。

如图 3-87 中单元Ⅲ电路由三部分组成：由与非门组成的基本 RS 触发器与反相器，控制电路的读写操作；由 2114A 组成的静态 RAM；由 74LS244 三态门缓冲器组成的数据输入输出缓冲和锁存电路。

① 当电路要进行写操作时，输入要写入单元的地址码（$A_0 \sim A_3$）或使单元地址处于随机状态；RS 触发器控制端 S 接高电平，触发器置 "0"，$Q = 0$、$\overline{EN_A} = 0$，打开了输入三态门缓冲器 74LS244，要写入的数据（$abcd$）经缓冲器送至 2114A 的输入端（$I/O_0 \sim I/O_3$）。由于此时 $\overline{CS} = 0$、$\overline{WE} = 0$，因此便将数据写入了 2114A 中，为了确保数据能可靠地写入，写脉冲宽度 t_{wp} 必须大于或等于手册所规定的时间区间。

（2）当电路要进行读操作时，输入要读出单元的地址码（保持写操作时的地址码）；RS 触发器控制端 S 接低电平，触发器置 "1"，$Q = 1$，$\overline{EN_B} = 0$，打开了输出三态门缓冲器 74LS244。由于此时 $\overline{CS} = 0$、$\overline{WE} = 1$，要读出的数据（$abcd$）便由 2114A 内经缓冲器送至 ABCD 输出，并在译码器上显示出来。

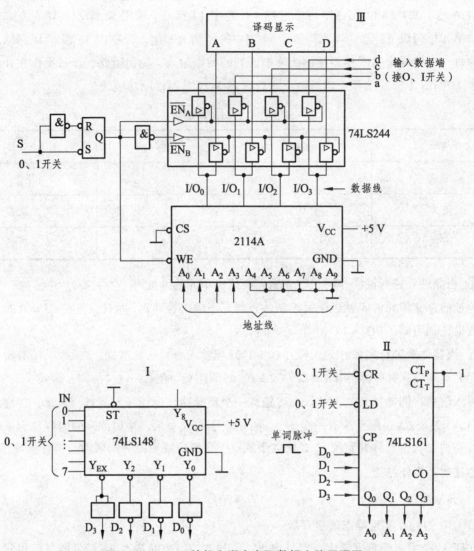

图 3-87 2114A 随机和顺序存取数据电路原理图

注：如果是随机存取，可不必关注 $A_0 \sim A_3$（或 $A_0 \sim A_9$）地址端的状态，$A_0 \sim A_3$（或 $A_0 \sim A_9$）可以是随机的，但在读写操作中要保持一致性。

（2）2114A 实现静态顺序存取。

如图 3-87，电路由三部分组成：单元 Ⅰ：由 74LS148 组成的 8 线 – 3 线优先编码电路，主要是将 8 位的二进制指令进行编码形成 8421 码；单元 Ⅱ：由 74LS161 二进制同步加法计数器组成的取址、地址累加等功能；单元 Ⅲ：由基本 RS 触发器、2114A、74LS244 组成的随机存取电路。

由 74LS148 组成优先编码电路，将 8 位（$IN_0 \sim IN_7$）的二进制指令编成 8421 码（$D_0 \sim D_3$）输出，是以反码的形式出现的，因此输出端加了非门求反。

令二进制计数器 74LS161 $\overline{CR} = 0$，则该计数器输出零，清零后置 $\overline{CR} = 1$；令 $\overline{LD} = 0$，加 CP 脉冲，通过并行送数法将 $D_0 \sim D_3$ 赋值给 $A_0 \sim A_3$，形成地址初始值，送数完成后置 $\overline{LD} = 1$。

74LS161 为二进制加法计数器，每来一个 CP 脉冲，计数器输出将加 1，也即地址码将加 1，逐次输入 CP 脉冲，地址会以此累计形成一组单元地址；操作随机存取部分电路使之处于写入状态，改变数据输入端的数据 abcd，便可按 CP 脉冲所给地址依次写入一组数据。

给 74LS161 输出清零，通过并行送数方法将 $D_0 \sim D_3$ 赋值给（$A_0 \sim A_3$），形成地址初始值，逐次送入单次脉冲，地址码累计形成一组单元地址；操作随机存取部分电路使之处于读出状态，便可按 CP 脉冲所给地址依次读出一组数据，并在译码显示器上显示出来。

5. 实验内容

1）用 2114 实现静态随机存取

线路如图 3-87 中单元Ⅲ，输入要写入单元的地址码及要写入的数据；再操作基本 RS 触发器控制端 S，使 2114A 处于写入状态，即 $\overline{CS} = 0$、$\overline{WE} = 0$，$\overline{EN_A} = 0$，则数据便写入了 2114A 中。然后输入要读出单元的地址码；再操作基本 RS 触发器 S 端，使 2114A 处于读出状态，即 $\overline{CS} = 0$，$\overline{WE} = 1$，$\overline{EN_B} = 0$，（保持写入时的地址码），要读出的数据便由数显显示出来，记入表 3-78 中。

表 3-78　测出数据

地址输入				数据写入				数据读出			
A_3	A_2	A_1	A_0	I_3	I_2	I_1	I_0	Q_3	Q_2	Q_1	Q_0
0	0	0	0								
0	0	0	1								
0	0	1	0								
0	0	1	1								
0	1	0	0								
0	1	0	1								
0	1	1	0								
0	1	1	1								
1	0	0	0								
1	0	0	1								
1	0	1	0								
1	0	1	1								
1	1	0	0								
1	1	0	1								
1	1	1	0								
1	1	1	1								

2）2114A 实现静态顺序存取

连接好图 3-87 中各单元间连线。

（1）顺序写入数据。

假设 74LS148 的 8 位输入指令中，$IN_2 = 0$、$IN_0 = 1$、$IN_2 \sim IN_7 = 1$，经过编码得 $D_0D_1D_2D_3 = 1000$，这个值送至 74LS161 输入端；给 74LS161 输出清零，清零后用并行送数法，将 $D_0D_1D_2D_3 = 1000$ 赋值给 $A_0A_1A_2A_3 = 1000$，作为地址初始值；随后操作随机存取电路使之处于写入状态。至此，数据便写入了 2114A 中，如果相应的输入几个单次脉冲，改变数据输入端的数据，则能依次地写入一组数据，记入表 3-79 中。

表 3-79　写入数据

CP 脉冲	地址码（$A_0 \sim A_3$）	数据（$abcd$）	2114A
↑	1000		
↑	0100		
↑	1100		

（2）顺序读出数据。

给 74LS161 输出清零，用并行送数法，将原有的 $D_0D_1D_2D_3 = 1000$ 赋值给 $A_0A_1A_2A_3$，操作随机存取电路使之处于读状态。连续输入几个单次脉冲，则依地址单元读出一组数据，并在译码显示器上显示出来，记入表 3-80 中，并比较写入与读出数据是否一致。

表 3-80　显示数据

CP 脉冲	地址码（$A_0 \sim A_3$）	数据（$abcd$）	2114A	显示
↑	1000			
↑	0100			
↑	1100			

6. 实验报告

（1）整理实验数据；

（2）对实验中异常现象分析。

7. 思考题

（1）RAM 的优点和缺点是什么？

（2）RAM 的功能是什么，它由哪几部分组成？

（3）如何使用 2114 构成 4K × 4 的静态存储器？

实验 18　D/A、A/D 转换器

1. 预习要求

（1）复习 D/A、A/D 转换器部分内容。

（2）预习实验内容，按照要求列出相应表格。

2. 实验目的

（1）了解 DAC 和 ADC 的工作原理。

（2）掌握 DAC0832 和 ADC0809 的性能和基本使用方法。

3. 实验器材

实验器材如表 3-81。

表 3-81　实验器材明细表

序号	器材名称	功能说明	数量	备注
1	DAC0832	八位 D/A 转换器	1 片	
2	ADC0809	八位 A/D 转换器	1 片	
3	μA741	集成运算放大器	1 片	
4	二极管、电阻		若干	
5	万用表		一台	

4. 实验原理

在数字电子技术很多场合往往需要把模拟量转换成数字量，或把数字量转换成模拟量，完成这一转换功能的转换器有很多型号，使用者借助于手册提供的器件性能指标及典型应用电路，可正确使用这些器件。本实验采用大规模集成电路 DAC0832 实现数模转换，ADC0809 实现模数转换。

1）DAC0832

DAC0832 为电压输入、电流输出的 R—2R 电阻网络型的 8 位 D/A 转换器，采用了 CMOS 和薄膜 Si—Cr 电阻相容工艺制造，温漂低，逻辑电平输入与 TTL 电平兼容。DAC0832 的内部功能框图和引脚排列见图 3-88。

DAC0832 各引脚含义为：

$\overline{CS}$：片选输入端，低电平有效，与 ILE 共同作用，对 $\overline{WR_1}$ 信号进行控制；

ILE：允许输入锁存信号，高电平有效；

$\overline{WR_1}$：写信号 1，低电平有效，当 $\overline{WR_1}=0$，$\overline{CS}=0$ 且 $ILE=1$ 时，将输入数据锁存到输入寄存器中；

$\overline{WR_2}$：写信号 2，低电平有效，当 $\overline{WR_2}=0$，$\overline{XFER}=0$ 时，将输入寄存器中的数据锁存到 8 位 DAC 寄存器中；

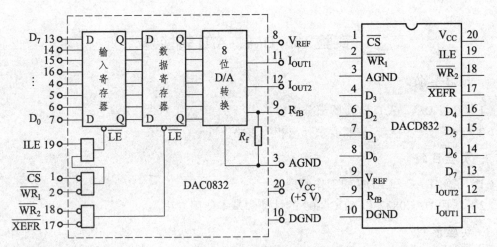

图 3-88　DAC0832 功能框图和引脚排列图

$\overline{\text{XFER}}$：传输控制信号，低电平有效，控制 $\overline{WR_2}$ 有效；

$D_0 \sim D_7$：8 位数据输入端；

I_{OUT1}：DAC 电流输出 1，当 DAC 寄存器全为 1 时，输出电流最大，全为 0 时输出电流最小；

I_{OUT2}：DAC 电流输出 2，输出电流值为 I_{OUT1} 与常数之差；

R_{fB}：反馈电阻引出端，在构成电压输出 DAC 时，此端应接运算放大器的输出端；

U_{REF}：参考电压输入端，通过该引脚将外部的高精度电压源与片内的 R—2R 电阻网络相连，其电压范围为 – 10 V ~ + 10 V；

V_{CC}：电源电压输入端，电源电压范围为 + 5 V ~ + 15 V，最佳状态为 + 15 V；

AGND：模拟地；

DGND：数字地。

为了将模拟电流转换为模拟电压，需要把 DAC0832 的两个输出端 I_{OUT1} 和 I_{OUT2} 分别接到运算放大器的两个输入端上，经过一级运放得到单极性输出电压 U_{O}。DAC0832 单极性输出电路如图 3-89 所示。

输出转换公式为

$$U_{\text{O}} = -U_{\text{REF}}\frac{D}{2^8}$$

DAC0832 有如下 3 种工作方式：

（1）单缓冲方式。当 $\overline{WR_2}$、$\overline{\text{XFER}}$ 接低电平，使 0832 中两个寄存器中的一个处于开通状态，只控制一个寄存器。

（2）双缓冲方式。当 ILE 为高电平，$\overline{CS}$ 和 $\overline{WR_1}$ 为低电平，8 位输入寄存器有效，输入数据存于寄存器。当 D/A 转换时，$\overline{WR_2}$、$\overline{\text{XFER}}$ 为低电平，ILE 使 8 位 D/A 寄存器有效，将数据置于 D/A 寄存器中，进行 D/A 转换。两个寄存器均处于受控状态，输入数据要经过两个寄存器缓冲控制后才能进入 D/A 转换器。

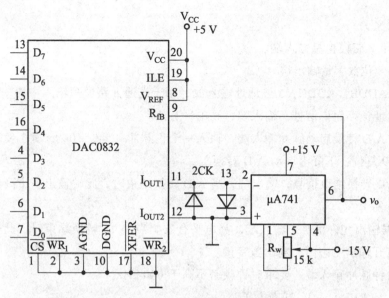

图 3-89　DAC0832 单极性输出电路图

（3）直通方式。当 $\overline{WR_1}$、$\overline{WR_2}$、$\overline{XFER}$ 及 $\overline{CS}$ 接低电平，ILE 接高电平，即不用写信号控制，使两个寄存器处于开通状态，外部输入数据直通内部 8 位 D/A 转换器的数据输入端。

2）ADC0809

ADC0809 采用逐次逼近技术进行 A/D 转换的 CMOS 集成芯片，它的转换时间为 100 μs，分辨率为 8 位，转换速度为 ±LSD/2，单 5 V 供电，输出模拟电压范围为 0～5 V，内部集成了可以锁存控制的 8 路模拟转换开关，输出采用三态输出缓冲寄存器，电平与 TTL 电平兼容。ADC0809 的内部功能框图和引脚排列见图 3-90。

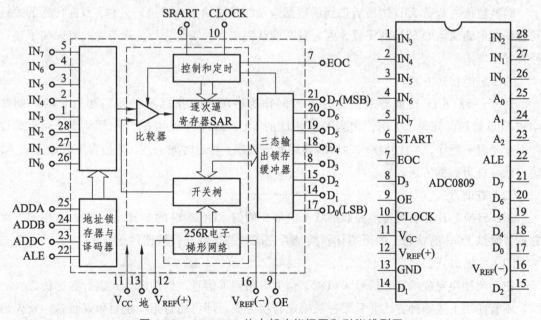

图 3-90　ADC0809 的内部功能框图和引脚排列图

各引脚含义为

$IN_0 \sim IN_7$：8 路模拟量输入端。

$D_0 \sim D_8$：8 位数字量输出端。

ADDA、ADDB、ADDC：3 位地址输入线，用于选通 8 路模拟输入中的一路。

ALE：地址锁存允许信号，输入端，高电平有效。

START：A/D 转换启动脉冲输入端，输入一个正脉冲（至少 100 ns 宽）使其启动（脉冲上升沿使 0809 复位，下降沿启动 A/D 转换）。

EOC：A/D 转换结束信号，输出端，当 A/D 转换结束时，此端输出一个高电平（转换期间一直为低电平）。

OE：数据输出允许信号，输入端，高电平有效。当 A/D 转换结束时，此端输入一个高电平，才能打开输出三态门，输出数字量。

CLK：时钟脉冲输入端。要求时钟频率不高于 640 kHz。

REF（+）、REF（−）：基准电压。

Vcc：电源，单一 +5 V。

GND：地。

ADC0809 的工作方式如下：

首先输入 3 位地址，并使 ALE = 1，将地址存入地址锁存器中。此地址经译码选通 8 路模拟输入之一到比较器。START 上升沿将逐次逼近寄存器复位。下降沿启动 A/D 转换，之后 EOC 输出信号变低，指示转换正在进行。直到 A/D 转换完成，EOC 变为高电平，指示 A/D 转换结束，结果数据已存入锁存器，这个信号可用作中断申请。当 OE 输入高电平时，输出三态门打开，转换结果的数字量输出到数据总线上。

转换数据的传送 A/D 转换后得到的数据应及时传送给单片机进行处理。数据传送的关键问题是如何确认 A/D 转换的完成，因为只有确认完成后，才能进行传送。为此可采用下述三种方式。

（1）定时传送方式。

对于一种 A/D 转换器来说，转换时间作为一项技术指标是已知的和固定的。例如 ADC0809 转换时间为 128 μs，相当于 6 MHz 的 MCS-51 单片机共 64 个机器周期。可据此设计一个延时子程序，A/D 转换启动后即调用此子程序，延迟时间一到，转换肯定已经完成了，接着就可进行数据传送。

（2）查询方式。

A/D 转换芯片有表明转换完成的状态信号，例如 ADC0809 的 EOC 端。因此可以用查询方式，测试 EOC 的状态，即可确认转换是否完成，并接着进行数据传送。

（3）中断方式。

把表明转换完成的状态信号（EOC）作为中断请求信号，以中断方式进行数据传送。

不管使用上述哪种方式，只要一旦确定转换完成，即可通过指令进行数据传送。首先送出口地址并以信号有效时，OE 信号即有效，把转换数据送上数据总线，供单片机接受。

5. 实验内容

1）D/A 转换器——DAC0832

（1）按图 3-89 接线，运放电源接 ±15 V；$D_0 \sim D_7$ 接逻辑开关，输出端 V_o 接万用表。

（2）调零，令 $D_0 \sim D_7$ 全置 0，调节电位器 R_W 使 μA741 输出为零。

（3）按表 3-82 所列的输入数字信号，用万用表测量运放的输出电压 V_o，并将测量结果填入表中，并与理论值进行比较。

表 3-82　输入量与输出量

输入数字量								输出模拟量 V_0/V	
D_7	D_6	D_5	D_4	D_3	D_2	D_1	D_0	理论值	实测值
0	0	0	0	0	0	0	0		
0	0	0	0	0	0	0	1		
0	0	0	0	0	0	1	0		
0	0	0	0	0	1	0	0		
0	0	0	0	1	0	0	0		
0	0	0	1	0	0	0	0		
0	0	1	0	0	0	0	0		
0	1	0	0	0	0	0	0		
1	0	0	0	0	0	0	0		
1	1	1	1	1	1	1	1		

2）A/D 转换器——ADC0809

按图 3-91 接线。

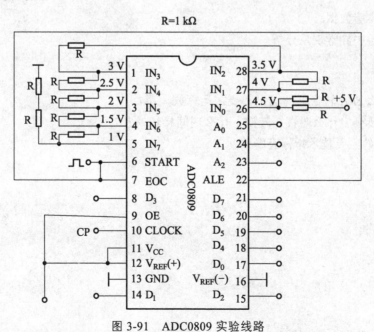

图 3-91　ADC0809 实验线路

· 117 ·

（1）八路输入模拟信号 1 V ~ 4.5 V，由 + 5 V 电源经电阻 R 分压组成；变换结果 D_0 ~ D_7 接逻辑电平显示器输入插口，CP 时钟脉冲由计数脉冲源提供，取 $f = 100 \text{ kHz}$；A_0 ~ A_2 地址端接逻辑电平输出插口。

（2）接通电源后，在启动端（START）加一正单次脉冲，下降沿一到即开始 A / D 转换。

（3）按表 3-83 的要求观察，记录 IN_0 ~ IN_7 八路模拟信号的转换结果，并将转换结果换算成十进制数表示的电压值，并与数字电压表实测的各路输入电压值进行比较，分析误差原因。

表 3-83

被选模拟通道	输入模拟量	地 址			输出数字量								
IN	v_i/V	A_2	A_1	A_0	D_7	D_6	D_5	D_4	D_3	D_2	D_1	D_0	十进制
IN_0	4.5	0	0	0									
IN_1	4.0	0	0	1									
IN_2	3.5	0	1	0									
IN_3	3.0	0	1	1									
IN_4	2.5	1	0	0									
IN_5	2.0	1	0	1									
IN_6	1.5	1	1	0									
IN_7	1.0	1	1	1									

6. 实验报告

（1）整理实验数据。

（2）对实验中异常现象分析。

7. 思考题

（1）为什么 D/A 转换器的输出都要接运算放大器？

（2）A/D 转换中什么叫直接转换，什么叫间接转换？

（3）ADC 的主要技术指标有哪些？

4 Multisim13.0 在数字逻辑电路中的仿真应用

4.1 Multisim13.0 简介

随着计算机技术的发展，传统的数字电路设计方法逐步被 EDA（Electronic Design Automation）技术所取代。利用 EDA 工具，电子设计师可以从概念、算法、协议等开始设计电子系统，大量工作可以通过计算机完成，将电子产品从电路设计、性能分析到设计出 IC 版图或 PCB 版图的整个过程的计算机上自动处理完成，取代了在实验室制作电路的繁琐过程，节约了时间和物资，大大方便了电路设计。常用的 EDA 设计软件有 SPICE/PSPICE、Multisim、Matlab、SystemView、MMICAD LiveWire、Proteus、Tina Pro Bright Spark 等。

Multisim 是 Interactive Image Technologies（Electronics Workbench）公司推出的以 Windows 为基础的仿真工具，适用于板级的模拟/数字电路板的设计工作。它包含了电路原理图的图形输入、电路硬件描述语言输入方式，具有丰富的仿真分析能力。工程师们可以使用 Multisim 交互式地搭建电路原理图，并对电路进行仿真。Multisim 提炼了 SPICE 仿真的复杂内容，这样工程师无须懂得深入的 SPICE 技术就可以很快地进行捕获、仿真和分析新的设计，这也使其更适合电子学教育。通过 Multisim 和虚拟仪器技术，PCB 设计工程师和电子学教育工作者可以完成从理论到原理图捕获与仿真再到原型设计和测试这样一个完整的综合设计流程。

2013 年 12 月美国国家仪器有限公司（National Instruments，简称 NI）发布了 Multisim 13.0。Multisim 试用版软件可以在 NI 官方网站的在线商城下载使用，网址为：http://www.ni.com/zh-cn.html。与前期版本相比，Multisim13.0 在电路图搭建和仿真功能两方面有了较大提高，本书将以 Multisim13.0 软件为基础，应用该仿真软件对数字逻辑电路进行仿真实验，完成数字系统电路设计。

4.2 Multisim13.0 软件界面

Multisim13.0 软件界面和其他的 Windows 软件界面类似，对于使用者来说并不会感到陌生，下面将分别介绍软件界面及其各项组成部分。打开 Multisim13.0 后，软件主界面如图 4-1 所示。

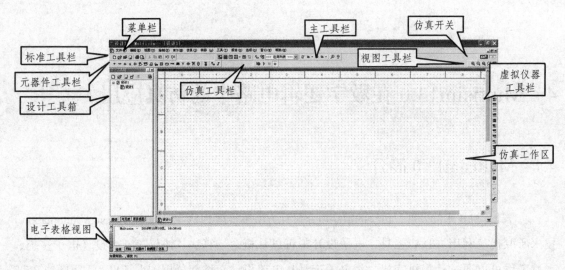

图 4-1　Multisim13.0 主界面

（1）菜单栏。

菜单栏如图 4-2 所示，菜单栏布局和 Windows 软件大致相同，包含 Multisim13.0 软件的所有命令和操作。

文件(F)　编辑(E)　视图(V)　绘制(P)　MCU(M)　仿真(S)　转移(n)　工具(I)　报告(R)　选项(O)　窗口(W)　帮助(H)

图 4-2　Multisim13.0 菜单栏

（2）标准工具栏。

标准工具栏如图 4-3 所示，从左至右按钮功能依次为新建设计、打开文件、打开样本文件、保存、直接打印、打印预览、剪切、复制、粘帖、撤销和重复。

图 4-3　Multisim13.0 标准工具栏

（3）主工具栏。

主工具栏如图 4-4 所示，从左至右按钮功能依次为设计工作箱、电子表格视图、SPICE 网表查看器、图示仪、后处理器、母电路图、元器件向导、数据库管理器、在用列表、电器法则查验、转移到 Ultiboard、从文件反向注解、正向注解到 Ultiboard、查找范例，Multisim 帮助。

图 4-4　Multisim13.0 主工具栏

（4）元器件工具栏。

元器件工具栏如图 4-5 所示，从左至右按钮功能依次为电源库、基本元件库（包括电阻、电容、电感、开关等基本元件）、二极管库、晶体管库、模拟元件库、库、晶体管库、模拟元件库、TTL 元件库、CMOS 元件库、其他数字元件库、混合元件库、指示器元件库、电力元件库、杂项元件库、高级外围设备元件库、射频元件库、机电元件库、NI 元件库、连接器元件库、微控制器元件库、放置层次模块、放置总线。

图 4-5　Multisim13.0 元器件工具栏

（5）仿真开关。

仿真开关如图 4-6 所示，从左至右按钮功能依次为仿真开关（关/开），暂停开关。

图 4-6　Multisim13.0 仿真开关

（6）仿真工具栏。

仿真工具栏如图 4-7 所示，从左至右按钮功能依次为交互式仿真设置、仿真运行、仿真暂停、仿真停止。

图 4-7　Multisim13.0 仿真工具栏

（7）视图工具栏。

仿真工具栏如图 4-8 所示，按钮功能依次为放大、缩小、放大区域、缩放页面、全屏。

图 4-8　Multisim13.0 视图工具栏

（8）设计工具箱。

设计工具箱如图 4-9 所示，用于管理设计项目的各种类型文件，多层次显示，易于管理。

（9）虚拟仪器工具栏。

虚拟仪器栏如图 4-10 所示，从上至下按钮功能依次为数字万用表、函数信号发生器、功率表、双踪示波器、四通道示波器、波特图仪、频率计数器、字信号发生器、逻辑转换器、逻辑分析仪、IV 分析仪、失真分析仪、频谱分析仪、网络分析仪、安捷伦函数信号发生器、安捷伦数字万用表、安捷伦示波器、泰克示波器、测量探针、LabVIEW 仪器、NI ELVSmx 仪器、电流探针。

（10）电子表格视图。

电子表格视图如图 4-11 所示，该窗口可以显示所编辑元器件的各项参数，也可以通过该窗口改变元器件参数。除上述工具栏外，在工具栏位置点击鼠标右键可以显示工具栏快捷菜单，可以方便地勾选或取消所需要的工具栏，右键快捷菜单如图 4-12 所示。

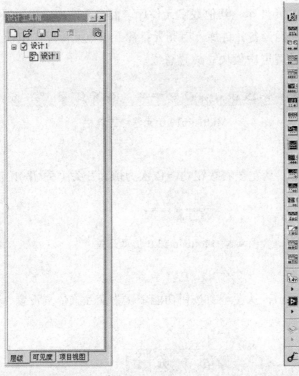

图 4-9　Multisim13.0 设计工具箱　　　　图 4.10　Multisim13.0 虚拟仪器工具栏

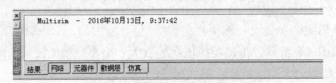

图 4-11　Multisim13.0 电子表格视图

图 4-12　Multisim13.0 点击工具栏右键快捷菜单

（11）仿真工作区。

仿真工作区如图 4-13 所示，该区域位于软件界面中间区域，用于放置仿真元件，布置电路设计图。在工作区点击鼠标右键可以显示元件操作快捷菜单，如图 4-14 所示，可以方便地进行元器件布置操作。

图 4-13　Multisim13.0 仿真工作区

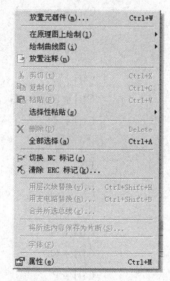

图 4-14　Multisim13.0 点击仿真工作区的右键快捷菜单

除上述常用工具栏外，合理使用快捷命令可以使电路设计更加方便，以下为 Multisim13.0 常用快捷命令。

① 元件编辑快捷命令：

元件顺时针 90 度旋转　　　　　　　　　　Ctrl + R
元件逆时针 90 度旋转　　　　　　　　　　Ctrl + Shift + R
取消　　　　　　　　　　　　　　　　　　Esc
复制元件　　　　　　　　　　　　　　　　Ctrl + C

剪切元件	Ctrl + X
删除元件	Delete
查找元件	Ctrl + F
水平翻转	Alt + X
垂直翻转	Alt + Y
粘帖	Ctrl + V
重做	Ctrl + Y
选择全部	Ctrl + A
撤销	Ctrl + Z

② 放置命令：

放置弧线	Ctrl + Shift + A
放置总线	Ctrl + U
放置椭圆	Ctrl + Shift + E
放置分层连接器	Ctrl + I
从文件打开分层模块	Ctrl + H
放置连接点	Ctrl + J
放置线条	Ctrl + Shift + L
放置新模块	Ctrl + B
放置元件	Ctrl + W
放置连接线	Ctrl + Q
放置多边形	Ctrl + Shift + G
放置文本	Ctrl + T

③ 仿真命令：

暂停	F6
运行	F5

④ 基本命令：

新建文件	Ctrl + N
打开文件	Ctrl + O
打印	Ctrl + P
保存文件	Ctrl + S

⑤ 视图命令：

放大区域	F10
缩放至整页	F7
放大	F8
缩小	F9
选择缩放	F12
全屏	F11

4.3　使用 Multisim13.0 创建电路文件

在熟悉了 Multisim13.0 软件的界面和工具栏命令后，接下来将以一个流水灯电路为例来介绍使用 Multisim13.0 软件建立电路并进行仿真的一般步骤。

第一步，新建一个电路设计文件。双击桌面 Multisim13.0 图标，软件打开后将自动生成一个"设计 1.ms13"的文件，该文件默认存储在 D：\我的文档\National Instruments\Circuit Design Suite 13.0 目录中。如果想要更改默认存储文件，可以点击菜单栏的中的"选项"按钮进行设置，或直接使用快捷"Alt + O"调出"选项"菜单。点击"选项"菜单中的"全局偏好"，弹出全局偏好设置对话框，如图 4-15 所示，即可根据自身使用习惯进行设置。如果需要新建多个电路设计文件，多次点击菜单栏中的"文件"→"设计"→"新建空白文件"即可，也可以使用快捷命令"Ctrl + N"实现，或者点击标准工具栏中的 □ 按钮实现。多个电路设计文件的标签将以层叠的方式显示在仿真工作区中，点击相应文件标签即可显示相应的电路设计图，将鼠标悬停在文件标签上时，可以显示相应文件的电路设计缩略图。文件过多时，不需要显示的文件可以点击菜单栏中的"文件"→"关闭"进行关闭。

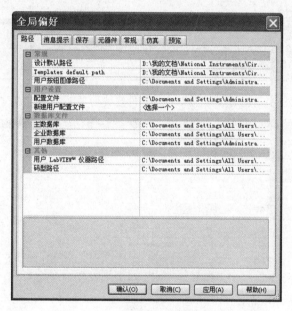

图 4-15　全局偏好设置标签页

第二步，放置电路元器件。根据设计需求，将所需要的电路元器件放入位于软件界面中央的仿真工作区中。点击菜单栏中的"绘制"→"元器件"，就可以弹出元器件选择对话框，可以在三个元件数据库中进行选择，分别是主数据库、企业数据库和用户数据库。

在元器件对话框中输入 74LS194，在下方对话框中会出现两种元件 74LS194D 和 74LS194N，如图 4-16 所示。后缀字母的不同表示的是这两种元件的芯片封装形式不同，元件功能并无不同。字母 D 表示芯片是 SO-16 的贴片，N 则是双列直插封装。双击对话框中的 74LS194N，元器件选择对话框消失，移动鼠标可以看见芯片已经出现，单击仿真工作区的适当位置，即可放置好元件了，芯片序号默认为 U1。元件放置好后，元器件选择对话框再次自动出现，又可以开始进行下一个元器件的选择和放置了。不清楚元件在哪个数据库时，可以点击元器件选择对话框右侧的搜索按钮，根据部分信息查找所需元件。点击元器件工具栏中的图标，也可以弹出 TTL 器件的元器件选择对话框，从中选中 74LS194N；或者直接用快捷命令"Ctrl + W"，弹出元器件选择对话框。用同样的方法放置好其他需要使用的元器件，如图 4-17 所示。

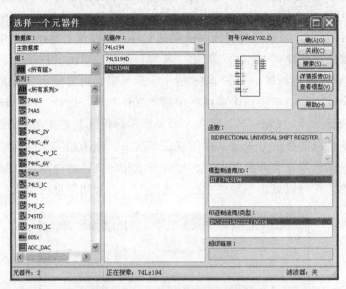

图 4-16 元器件选择对话框

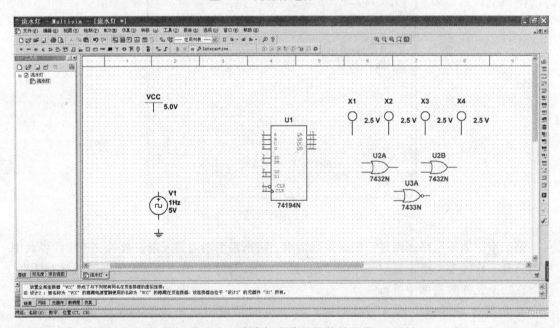

图 4-17 流水灯电路元器件放置图

第三步，按照电路设计图连接好所有元器件。连接元器件时移动鼠标将指针放置到需要连接的器件端点，单击鼠标左键，此时屏幕上会显示一根随鼠标移动的红线，将红线移动到需要的位置，再次单击鼠标左键，导线就已经连接好了。如需对已连接好的导线进行调整，可移动鼠标将指针对准欲调整的导线，点击鼠标左键选中需要调整的导线，按住左键，拖动红色导线上的蓝色小方块或蓝色小方块之间的线段至适当位置后松开即可。如果需要同时选择多条导线或元件，可以单击鼠标左键后不要松开，继续拖动鼠标，此时屏幕上会显示一个随鼠标移动变化的长方形选择框，框选中需要的导线或器件后松开鼠标左键即可。要删除连线，可使用鼠标右键单击连线后从弹出菜单中选择 Delete 菜单项，也可以使用鼠标左键单击连线后直接使用键盘上的 Delete 键进行删除。连接好的电路如图 4-18 所示。

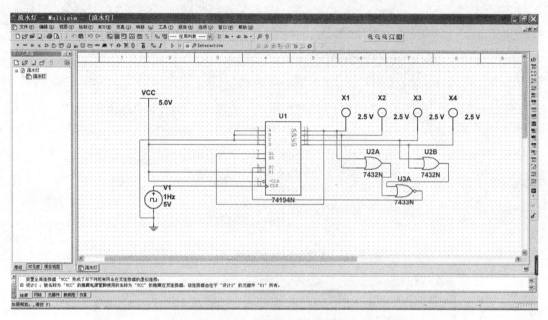

图 4-18　流水灯电路连接图

　　第四步，运行仿真。单击菜单栏上的仿真按钮 ▷ ，即可实现电路功能的仿真。在仿真过程中，可以单击菜单栏上的暂停按钮 ❙❙ ，仿真过程可以暂停。单击菜单栏上的停止按钮 ■ ，即可结束仿真过程。在本电路仿真运行过程中，可以看到 4 个指示灯将轮流亮灯，完成流水灯显示作业。

　　第五步，保存电路。及时保存电路是一种良好的工作习惯。与其他 Windows 软件保存文件的方法类似，单击菜单栏中的"文件"→"保存"，弹出保存文件对话框后输入文件名即可保存。也可以使用快捷命令 Ctrl + S 保存文件。

4.4　应用 Multisim 实现逻辑函数的转换与化简

　　在之前的理论学习中我们知道，可以采用代数法或者卡诺图法对逻辑函数进行转换与化简。我们可以将电路图转换为真值表，再将真值表转换为各种形式的逻辑函数；也可以将逻辑函数转换为真值表或者电路图。利用 Multisim 软件同样可以完成上述工作，而且非常迅速准确，操作也很简单，我们可以利用 Multisim 软件作为逻辑函数这部分知识点学习的辅助工具。下面我们将通过几个实例，演示如何使用 Multisim 软件进行逻辑函数的转换与化简。

首先按照上文介绍的方法，选择合适的元器件，绘制逻辑函数 $Y = AB + \overline{A}C + BC$ 的逻辑电路图，并将逻辑转换仪 XCL1 从虚拟仪器工具栏上放入仿真工作区。逻辑转换仪左侧端子连接输入变量，右侧端子连接输出变量，接线完成后的电路图如图 4-19 所示。接下来的操作将主要通过逻辑转换仪完成，双击逻辑转换仪，打开逻辑转换仪对话窗口，进行操作。

（1）单击 $\boxed{\leftharpoondown \rightarrow \text{1011}}$，可以将电路图转换为真值表，转换后的真值表如图 4-20 所示。

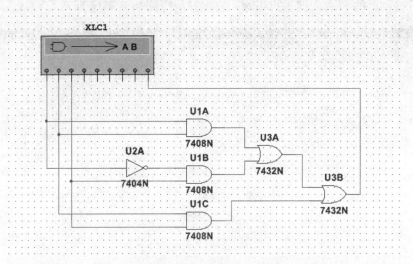

图 4-19　逻辑电路与逻辑转换仪连接图

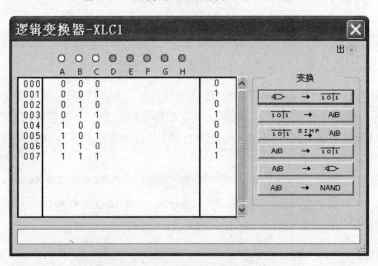

图 4-20　将逻辑电路转换为真值表

（2）单击 $\boxed{\text{1011} \rightarrow \text{AIB}}$，可以将真值表转换为逻辑函数，转换结果如图 4-21 所示。Multisim 软件使用 A' 表示反变量 $\overline{A}$，转换结果为 $\overline{A}\,\overline{B}C + \overline{A}BC + AB\overline{C} + ABC$。真值表中的数据如果需要调整也可以进行相应修改。输入变量如果需要增加或减少，用鼠标左键单击 A 到 H 这 8 个字母进行调整；输出值也可以用鼠标左键单击，输出值将依次从 0→1→× 变化，× 表示无关项。

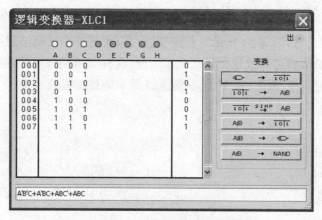

图 4.21　真值表转换为逻辑函数

（3）单击 $\boxed{\text{10i } \overset{SIMP}{\rightarrow} \text{ AiB}}$ ，将真值表转换为最简逻辑函数，结果如图 4-22 所示。

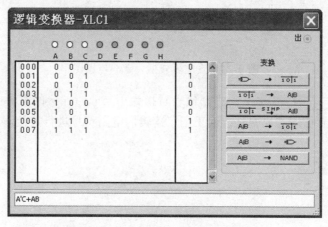

图 4-22　真值表转换为最简逻辑函数

（4）单击 $\boxed{\text{AiB } \rightarrow \text{ 10i}}$ ，可以将逻辑函数转换为真值表。在对话框中输入逻辑函数 $AB + A'C + BC$，用 A' 表示反变量 $\overline{A}$，得到真值表如图 4-23 所示。

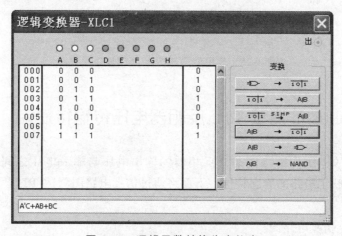

图 4-23　逻辑函数转换为真值表

（5）单击 ![AIB → ⊃] ，可以将真值表转换为逻辑电路图，在原电路图旁会出现一个新的逻辑电路图，如图 4-24 所示。仔细观察可以发现这个逻辑电路图（图 4-24 右侧电路图）中没有标出具体的芯片型号，只是采用的逻辑门电路符号进行连接，与上文中采用实际芯片型号连接的逻辑电路图（图 4-24 左侧电路图）是有区别的。

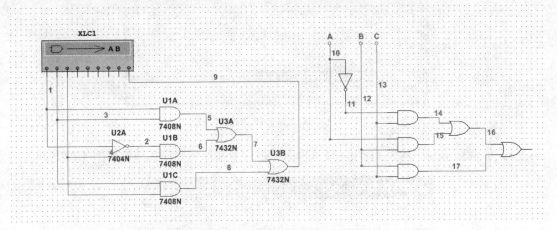

图 4-24　真值表转换为逻辑电路图

（6）单击 ![AIB → NAND] ，将真值表转换为用与非门连接的逻辑电路图，如图 4-25 所示。该图同样没有标注芯片型号，仅采用了逻辑门电路符号进行连接。

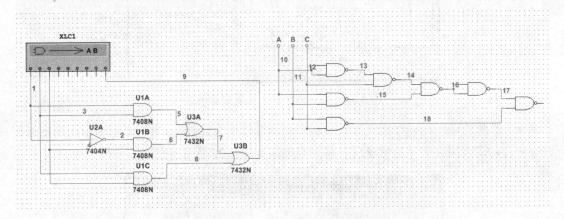

图 4-25　真值表转换为与非门连接电路

4.5　应用 Multisim 测试 TTL 反相器电压传输特性

TTL 反相器的电压传输特性是指反相器的输出电压与输入电压之间的对应关系，即 $V_O = f(V_I)$，它反映了电路的静态特性。下面将通过仿真电路图测试 TTL 反相器的电压传输特性。

第一步，建立仿真电路图。

打开 Multisim 软件，找到需要使用的器件，连接好电路图，如图 4-26 所示。电压源元件可以在 ⊤ Sources 元件库中找到，电阻元件可以在 ⁓ Basic 元件库中找到，二极管可以在 ⊯ Diodes 元件库找到，三极管可以在 ⊀ Transistors 元件库中找到。因为需要对输出电压（位于二极管阴极位置）进行仿真分析，点击菜单栏的"绘制"→"连接器"→"output connector"选项，在输出端放置一个输出连接器 I_{O1}，具体操作如图 4-27 所示。

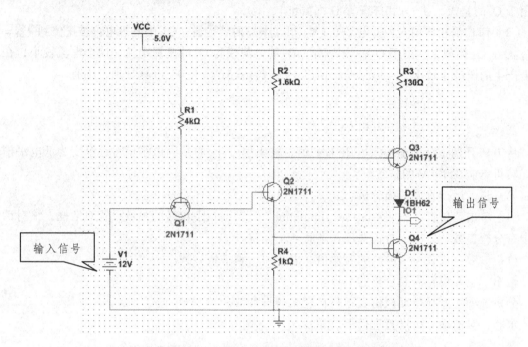

图 4-26 TTL 反相器的传输特性测试电路

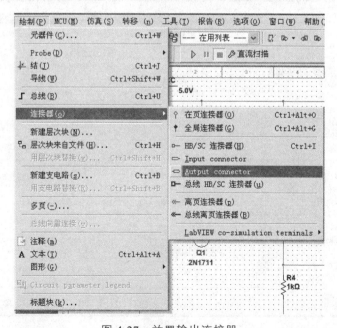

图 4-27 放置输出连接器

第二步，了解电路工作原理。

TTL 反相器的工作原理为：

（1）TTL 反相器输入为高电平 3.6 V 时，Q_2、Q_4 导通，Q_1 的发射结因反偏而截止。此时 Q_1 的发射结反偏，而集电结正偏，称为倒置放大工作状态。由于 Q_4 饱和导通，输出电压为 $V_{ces} = 0.3$ V。这时 $V_{e2} = V_{b4} = 0.7$ V，而 $V_{ce2} = 0.3$ V，因而有 $V_{c2} = V_{e2} + V_{ce2} = 1$ V。1 V 的电压作用于 Q_3 的基极，使 Q_3 和二极管 D 都截止。

（2）TTL 反相器输入为低电平 0.3 V 时，Q1 发射结导通，Q1 的基极电位被钳位到 $V_{b1} = 1$ V。Q_2、Q_4 都截止。由于 Q_2 截止，流过 Q_2 的电流仅为 Q_3 的基极电流，这个电流较小，在场上产生的压降也较小，可以忽略，所以 $V_{b3} \approx V_{CC} = 5$ V，使 V_3 和 D 导通，则有

$$V_O = V_{CC} - V_{be3} - V_D$$
$$= 5 - 0.7 - 0.7 = 3.6 \text{ V}$$

从 0 V 开始逐渐增加输入电压 V_I 的值，输出信号 V_O 将从高电平信号逐渐变为低电平信号，转折点应在 1.4 V 的位置。

第三步，运行直流扫描分析。

（1）单击"仿真"—"Analyses simulation"，弹出如图 4-28 的参数设置对话框，该对话框中有分析参数、输出、分析选项和求和 4 个标签。

分析参数：设置可变电源的起始值、停止值、和增量参数。

输出：主要设置需要分析的节点。

分析选项：选择是默认仿真还是自定义仿真参数。

求和：对前面分析设置进行汇总显示。

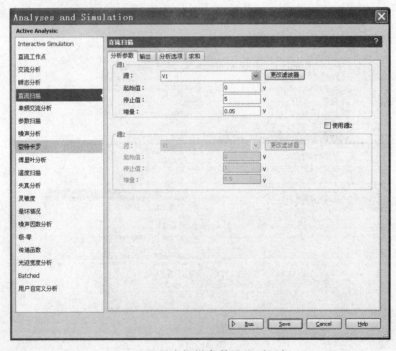

图 4-28　直流扫描参数设置对话框

（2）设置直流扫描参数。

直流扫描参数的设置如图 4-28 和 4-29 所示。V_1 的电压变化从 0 到 5 V，增量为 0.05 V，增量值取小一点，可以使波形图更平滑。在输出标签中选择 I_{O1} 作为分析变量，点击 "Run" 按钮，运行直流扫描分析，运行结果如图 4-30 所示，可以看到，在输入电压 1.4 V 左右的位置，输出信号发生了转折。

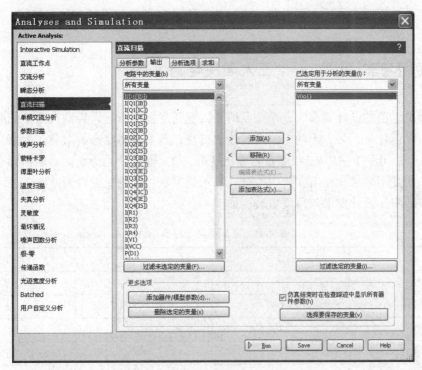

图 4-29　直流扫描输出标签参数设置

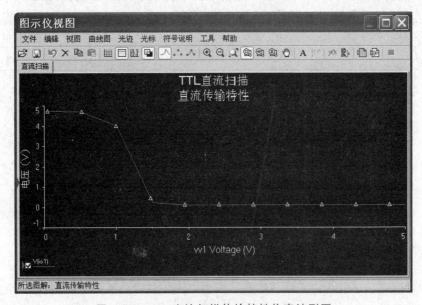

图 4-30　TTL 直流扫描传输特性仿真波形图

4.6 应用 Multisim 仿真测试组合逻辑电路

逻辑门电路是逻辑设计的最小单位，直接用逻辑门电路构成的组合逻辑电路就是小规模集成（SSI）组合逻辑电路，许多常用的组合逻辑电路被制作成了中规模集成电路（MSI），MSI 品种繁多，在理论教学中常涉及的一般为编码器，译码器，数据选择器，加法器和数值比较器这五种。下面将通过仿真电路，进行 SSI 和 MSI 的电路设计和仿真测试。

4.6.1 使用与非门设计一个三人表决电路

三人表决电路的设计要求为，两人及两人以上同意提案通过，否则提案不能通过，没有弃权选择。在设计时，第一步确定输入和输出变量，及其逻辑状态的对应实际意义。设定输入变量为三个，分别为 A、B、C 变量，输出变量为 Y。输入变量为 1 时，表示同意；输入变量为 0 时，便是不同意。输出变量为 1 时，表示提案通过；输出变量为 0 时，表示提案不通过。第二步，根据设计要求列写真值表，如表 4-1 所示。

表 4-1　三人表决电路真值表

A	B	C	Y
0	0	0	0
0	0	1	0
0	1	0	0
0	1	1	1
1	0	0	0
1	0	1	1
1	1	0	1
1	1	1	1

第三步，根据真值表做出卡诺图（如图 4-31），求出逻辑函数表达式并整理成与非与非表达式。Y 的表达式为：$Y = AB + AC + BC = \overline{\overline{AB} \cdot \overline{AC} \cdot \overline{BC}}$。

	BC	00	01	11	10
A					
0		0	0	1	0
1		0	1	1	1

图 4-31　三人表决电路卡诺图

第四步根据逻辑函数表达式连接电路。根据逻辑函数表达式，决定使用 7400 和 7410 与非门进行电路连接。仿真电路如图 4-32 所示。单刀双掷开关 S_1、S_2 和 S_3 可以在菜单栏中单击"绘制"→"元器件"→组"Basic"→系列"SWITCH"→"SPDT"进行选择。两输入与非门7400可以在"绘制"→"元器件"→组"TTL"→系列"74STD"进行选择。三输入与非门7410可以在"绘制"→"元器件"→组"TTL"→系列"74STD"进行选择。输出用指示灯X1进行指示,指示灯X1可以在"绘制"→"元器件"→组"Indicators"→系列"PROBE"进行选择。

第五步,运行仿真。电路连接完成后点击仿真按钮即可进行仿真。变量ABC的状态可以通过单击键盘上的ABC键或用鼠标单击开关位置进行切换,即开关可以上下动作,从而改变输入变量值。输出状态通过指示灯X1进行观测,当灯亮时说明提案通过,否则反之。图4-32中,输入变量ABC为100,输出指示灯不亮,电路功能符合真值表要求,仿真电路设计正确。

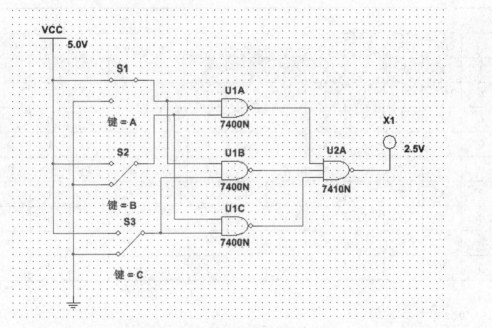

图4-32 三人表决电路仿真电路接线图

4.6.2 测试8线-3线优先编码器74LS148功能

在有些实际应用中,电路无法对几个按钮的同时响应做出反应,比如电梯控制系统或是键盘按键系统等,在这种情况下就需要对输入进行优先级别的预设,从而实现正确响应,74LS148正是这样的器件。74LS148允许同时输入两个以上编码信号,但是当几个输入信号同时出现时,只对其中优先权最高的一个进行编码。

74LS148的功能表如表4-2所示,由功能表可知,74LS148的使能端EI是高有效,输入信号低有效,优先级为D_7最高,输出编码为反码形式。下面打开Multisim软件,完成74LS148仿真测试电路,电路连接如图4-33所示。编码器74LS148可以在"绘制"→"元器件"→组"TTL"→系列"74LS"进行选择。单刀双掷开关$S_1 \sim S_8$可以在菜单栏中单击"绘制"→"元器件"→组"Basic"→系列"SWITCH"→"SPDT"进行选择。开关切换键默认值为空格键，可以双击开关，单击"值"→"切换键"进行选择，如图 4-34 所示。图 4-33 中 $S_1 \sim S_8$ 的切换值分别设置为数字键为 0~7，点击数字键 0~7 可以改变开关 $S_1 \sim S_8$ 的输出变量值。输出用指示灯 $X_1 \sim X_3$ 进行指示，指示灯可以在"绘制"→"元器件"→组"Indicators"→系列"PROBE"进行选择。电路连接完成后点击仿真按钮即可进行仿真。单击键盘数字键 0~7，改变 74148 的输入信号，通过指示灯 $X_1 \sim X_3$ 观察 74148 输出值，与真值表进行对照。可以发现当使能条件满足时，如果几个输入信号同时出现，74148 只对其中优先权最高的一个进行编码，输出编码为反码形式。图 4-33 中，$D_7 \sim D_0$ 分别为 10000000，优先权最高的有效输入为 D_6，对照功能表可以知道输出 $A_2A_1A_0$ 应为 001，与仿真结果一致，仿真电路设计正确。

表 4-2 74LS148 逻辑功能表

	输入								输出				
EI	D_0	D_1	D_2	D_3	D_4	D_5	D_6	D_7	A_2	A_1	A_0	GS	EO
1	X	X	X	X	X	X	X	X	1	1	1	1	1
0	1	1	1	1	1	1	1	1	1	1	1	1	0
0	X	X	X	X	X	X	X	0	0	0	0	0	1
0	X	X	X	X	X	X	0	1	0	0	1	0	1
0	X	X	X	X	X	0	1	1	0	1	0	0	1
0	X	X	X	X	0	1	1	1	0	1	1	0	1
0	X	X	X	0	1	1	1	1	1	0	0	0	1
0	X	X	0	1	1	1	1	1	1	0	1	0	1
0	X	0	1	1	1	1	1	1	1	1	0	0	1

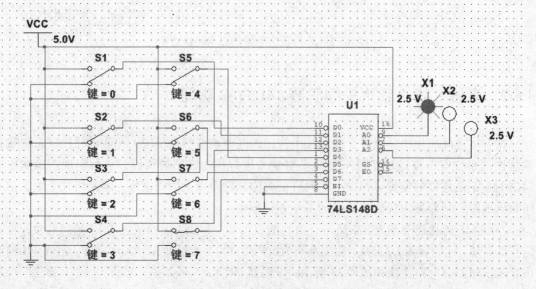

图 4-33 74148 功能测试仿真电路接线图

图 4-34　修改单刀双掷开关切换键值

4.6.3　译码器 74LS138 的仿真应用

与编码器的工作状态相反，二进制译码器输入 n 位二进制代码，N 个输出端中有且仅有一个输出端输出有效电平，也被称为唯一地址译码器。74LS138 是常用的 3 线—8 线的译码器，输入地址为 3 位，输出为 8 根线，另有 3 个使能端。74LS138 逻辑功能表如表 4-3 所示。74LS138 不仅可以作为译码器使用，还可以作为数据分配器使用，也可以用来实现逻辑函数。下面以 74LS138 设计全减器为例，介绍该器件的仿真应用。

表 4-3　74LS138 逻辑功能表

输　入					输　出							
使　能		选　择										
G_1	$\bar{G}_2$	A_2	A_1	A_0	$\bar{Y}_7$	$\bar{Y}_6$	$\bar{Y}_5$	$\bar{Y}_4$	$\bar{Y}_3$	$\bar{Y}_2$	$\bar{Y}_1$	$\bar{Y}_0$
×	1	×	×	×	1	1	1	1	1	1	1	1
0	×	×	×	×	1	1	1	1	1	1	1	1
1	0	0	0	0	1	1	1	1	1	1	1	0
1	0	0	0	1	1	1	1	1	1	1	0	1
1	0	0	1	0	1	1	1	1	1	0	1	1
1	0	0	1	1	1	1	1	1	0	1	1	1
1	0	1	0	0	1	1	1	0	1	1	1	1
1	0	1	0	1	1	1	0	1	1	1	1	1
1	0	1	1	0	1	0	1	1	1	1	1	1
1	0	1	1	1	0	1	1	1	1	1	1	1

$$\bar{G}_2 = \bar{G}_{2A} + \bar{G}_{2B}$$

首先根据全减器的工作状况，列写全减器真值表。输入有三个变量，分别为减数、被减数和来自低位的借位，其中减数设为 A_i，被减数设为 B_i，来自低位的借位设为 G_{i-1}。输出有两个变量，差为 D_i，向高位的借位为 G_i。全减器真值表如表 4-4 所示。

表 4-4　全减器真值表

A_i	B_i	G_{i-1}	D_i	G_i
0	0	0	0	0
0	0	1	1	1
0	1	0	1	1
0	1	1	0	1
1	0	0	1	0
1	0	1	0	0
1	1	0	0	0
1	1	1	1	1

　　根据真值表列出输出函数的最小项之和表达式，不需要化简。输出函数的表达式为 $D_i(A_i, B_i, G_{i-1}) = \sum m(1,2,4,7)$，$G_i(A_i, B_i, G_{i-1}) = \sum m(1,2,3,7)$。利用 74LS138 译码器的输出 $\overline{Y}_i = \overline{m}_i$ 的特点，将相应的输出线接入与非门即可实现最小项之和的功能，电路连接如图 4-35 所示。译码器 74LS138 可以在"绘制"→"元器件"→组"TTL"→系列"74LS"进行选择。图 4-35 中的 XWG1 为字发生器，用来产生输入变量，可以在 Multisim 软件右侧的仪器工具栏拖入工作区使用。字发生器 XWG1 的输出连接 74LS138 的地址输入端，要注意的是在 Multisim 仿真软件中 74LS138 的地址输入端记为 CBA，其中 C 为高位，A 为低位，也就是说 CBA 相当于逻辑功能表中的 $A_2A_1A_0$，因此在连接时注意接线位置。双击字发生器 XWG1，打开对话框，如图 4-36 所示。在控件选项中选择循环，再点击设置按钮打开设置对话框，如图 4-37 所示。在设置对话框中选择上数序计数器，也就是加计数器。再使用两个四输入与非门 74LS20 实现 D_i 和 G_i，其中 U2A 实现的是 D_i 功能，U2B 实现的是 G_i 功能。74LS20 可以在"绘制"→"元器件"→组"TTL"→系列"74LS"进行选择。将输入变量和输出变量都接到逻辑分析仪 XLA1 中进行观测，逻辑分析仪 XLA1 也同样是在 Multisim 软件右侧的仪器工具栏中将其拖入工作区进行使用。当然除了采用字发生器用来产生输入变量外，也可以像之前的例子那样，用单刀双掷开关改变输入变量的值。可以用逻辑分析仪来观测输入或者输出信号，也可以像之前的例子一样，用指示器观测输入输出值。运行仿真一段时间结束后，双击打开逻辑分析仪，适当调节"时钟脉冲/格"对话框参数，使波形能够更好显示，仿真结果如图 4-38 所示。图 4-38 中总共有五个波形图，从上到下依次为 A_i、B_i、G_{i-1}、D_i 和 G_i。由波形图可以看出，电路功能符合真值表要求，设计电路完成正确。

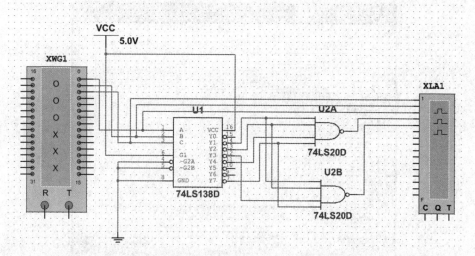

图 4-35　用 74LS138 实现全减器仿真电路接线图

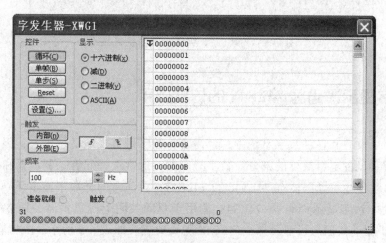

图 4-36　字发生器对话框

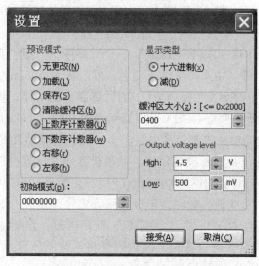

图 4-37　字发生器设置对话框

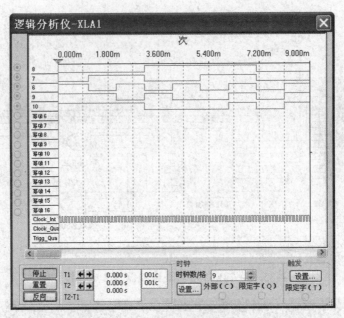

图 4-38　74LS138 实现全减器仿真波形

4.6.4　数字显示译码器 74LS48 的仿真应用

在数字测量仪表和各种数字系统中，都需要将数字量直观地显示出来，因此，数字显示电路是许多数字设备不可缺少的部分。数字显示电路通常由译码器、驱动器和显示器等部分组成。常用的数字显示译码器有 74LS48 和 74LS47，要注意的是数字显示译码器和显示器都是配套使用的。数字显示译码器 74LS48 适用于驱动共阴七段显示器，而数字显示译码器 74LS47 适用于驱动共阳七段显示器。74LS48 逻辑功能表如表 4-5 所示，由功能表可以看到，74LS48 还具有一些辅助功能，如试灯功能、灭灯功能、动态灭零功能等，在实际应用时可以根据需要进行相应设置。打开 Multisim 软件，完成 74LS48 仿真测试电路，电路连接如图 4-39 所示。

数字显示译码器 74LS48 可以在"绘制"→"元器件"→组"TTL"→系列"74LS"进行选择。XWG1 为字发生器，用来产生输入变量，可以在 Multisim 软件右侧的仪器工具栏拖入工作区使用。图 4-39 中的字发生器 XWG1 的设置和上例一样，仍然采用加计数循环计数设置，这样 74LS48 的地址输入端 DCBA 可以连续接收 0000～1111 这十六个二进制信号。图 4-39 中 74LS48 的辅助功能输入端都接高电平，不使用其他辅助功能，仅使用译码功能。U2 是共阴极数码显示器，与 74LS48 配套使用。共阴极数码显示器可以单击"绘制"→"元器件"→组"Indicators"→系列"HEX_DISPLAY"→元器件"SEVEN_SEG_COM_K"命令后选中。七段数码管有共阴极数码管和共阳极数码管之分，其中"SEVEN_SEG_COM_K"为共阴极，而"SEVEN_SEG_COM_A"为共阳极，在使用时一定要注意区分和与数字显示译码器配套使用。运行仿真后，可以看到七段数码管将连续循环显示 16 个字符，与逻辑功能表一致。

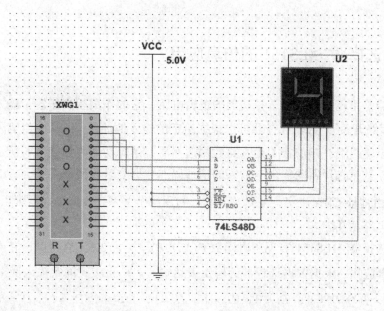

图 4-39   74LS48 仿真电路接线图

表 4-5   74LS48 逻辑功能表

功能或	输			入			输			出			
十进制数	$\overline{LT}$	$\overline{RBI}$	D	C	B	A	$\overline{BI}/\overline{RBO}$	a	b	c	d	e	f	g
$\overline{BI}/\overline{RBO}$（灭灯）	×	×	× × × ×				0（输入）	0 0 0 0 0 0 0						
$\overline{LT}$（试灯）	0	×	× × × ×				1	1 1 1 1 1 1 1						
$\overline{RBI}$（动态灭零）	1	0	0 0 0 0				0	0 0 0 0 0 0 0						
0	1	1	0 0 0 0				1	1 1 1 1 1 1 0						
1	1	x	0 0 0 1				1	0 1 1 0 0 0 0						
2	1	x	0 0 1 0				1	1 1 0 1 1 0 1						
3	1	x	0 0 1 1				1	1 1 1 1 0 0 1						
4	1	x	0 1 0 0				1	0 1 1 0 0 1 1						
5	1	x	0 1 0 1				1	1 0 1 1 0 1 1						
6	1	x	0 1 1 0				1	0 0 1 1 1 1 1						
7	1	x	0 1 1 1				1	1 1 1 0 0 0 0						
8	1	x	1 0 0 0				1	1 1 1 1 1 1 1						
9	1	x	1 0 0 1				1	1 1 1 0 0 1 1						
10	1	x	1 0 1 0				1	0 0 0 1 1 0 1						
11	1	x	1 0 1 1				1	0 0 1 1 0 0 1						
12	1	x	1 1 0 0				1	0 1 0 0 0 1 1						
13	1	x	1 1 0 1				1	1 0 0 1 0 1 1						
14	1	x	1 1 1 0				1	0 0 0 1 1 1 1						
15	1	x	1 1 1 1				1	0 0 0 0 0 0 0						

4.6.5 数据选择器74LS151的仿真应用

数据选择器是指能实现数据选择功能的逻辑电路，它的作用相当于多个输入的单刀多掷开关，又称"多路开关"。数据选择器可以根据给定的输入地址代码，从一组输入信号中选出指定的一个送至输出端。74LS151是八路数据选择器，逻辑功能表如表4-6所示。由逻辑功能表可以发现，数据选择器的输出与输入的地址码和数据变量之间的关系为，$Y = \sum m_i D_i$，其中最小项 m 由地址CBA决定，且C为高位。利用这个关系，数据选择器可以代替逻辑门，实现组合逻辑电路的功能。

下面以数据选择器74LS151实现逻辑函数 $F(X,Y,Z) = \sum m(2,3,4,5)$ 为例，介绍数据选择器74LS151的仿真应用。根据数据选择器的输出表达式 $Y = \sum m_i D_i$，确定输入变量 XYZ 接入地址输入端CBA，并令 $D_0 = 0$，$D_1 = 0$，$D_2 = 1$，$D_3 = 1$，$D_4 = 1$，$D_5 = 1$，$D_6 = 0$，$D_7 = 0$。打开 Multisim 软件，连接电路图如图4-40所示。图4-40中74LS151可以在"绘制"→"元器件"→组"TTL"→系列"74LS"进行选择。单刀双掷开关 $S_1 \sim S_3$ 可以在菜单栏中单击"绘制"→"元器件"→组"Basic"→系列"SWITCH"→"SPDT"进行选择。图4-40中 $S_1 \sim S_3$ 的切换值分别设置为字母键为X、Y、Z，点击字母键X、Y、Z可以改变开关 $S_1 \sim S_3$ 的输出变量值。输出用指示灯X1进行指示，指示灯可以在"绘制"→"元器件"→组"Indicators"→系列"PROBE"进行选择。当然除了采用单刀双掷开关产生输入变量外，也可以像之前的例子那样，用字发生器来产生输入变量值。可以用指示灯观测输出值，也可以像之前的例子一样，用逻辑分析仪来观测输入或者输出信号。点击仿真运行按钮，进行仿真。在仿真过程中使用字母键或鼠标改变 XYZ 变量值，观测指示器 X_1 的状态，与 XYZ 变量值和 Y 的表达式对应。图4-40中，地址输入端CBA的值为100，而 Y 的输出为1，结果与真值表一致。

表4-6 74LS151逻辑功能表

输　　入			输　　出		输　　入			输　　出	
使　能	选　　择				使　能	选　　择			
$\overline{G}$	C	B	A	Y	$\overline{Y}$	$\overline{G}$	C	B	A	Y	$\overline{Y}$
H	X	X	X	L	H	L	H	L	L	D_4	$\overline{D_4}$
L	L	L	L	D_0	$\overline{D_0}$	L	H	L	H	D_5	$\overline{D_5}$
L	L	L	H	D_1	$\overline{D_1}$	L	H	H	L	D_6	$\overline{D_6}$
L	L	H	L	D_2	$\overline{D_2}$	L	H	H	H	D_7	$\overline{D_7}$
L	L	H	H	D_3	$\overline{D_3}$						

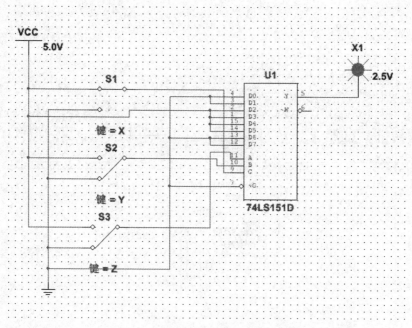

图 4-40　74LS151 仿真电路接线图

4.6.6　加法器 74LS283 的仿真应用

算术运算是数字系统具有的基本功能，更是计算机中不可缺少的组成单元。74LS283 加法器是常用的超前进位四位二进制并行加法器型号，芯片内部采用超前进位方式运算，配合超前进位产生器可以实现全超前进位加法器。74LS283 不仅可以实现加法运算，还可以实现代码转换、减法运算等功能。下面以 74LS283 加法器设计一个补码转换电路为例，介绍加法器 74LS283 的仿真应用。

补码的运算规则为：正数的符号位为 0，负数的符号位为 1，正数的补码和原码相同，负数的补码在原码的基础上求反再加 1，符号位不变。根据补码的运算规则设计补码转换电路，电路连接如图 4-41 所示。

图 4-41 中使用单刀双掷开关 S1～S4 实现原码数值位置数，使用单刀双掷开关 S_5 实现原码符号位置数。使用异或门 74LS86 实现正数不求反，负数需要求反。将符号位 S_5 接入 74LS283 加法器的 C_0 实现正数的原码补码不变，负数的补码需要在反码基础上再加 1。补码的结果输出使用指示器 X_1～X_4 进行观测。单刀双掷开关 S_1～S_5 可以在菜单栏中单击"绘制"→"元器件"→组"Basic"→系列"SWITCH"→"SPDT"进行选择。图 4-41 中 S_1～S_5 的切换值分别设置为字母键为 A、B、C，D，点击字母键 A、B、C，D 或者使用鼠标单击图中的开关都可以改变开关 S_1～S_5 的输出变量值。图 4-41 中 74LS86 和 74LS283 可以在"绘制"→"元器件"→组"TTL"→系列"74LS"进行选择。指示灯 X_1～X_4 可以在"绘制"→"元器件"→组"Indicators"→系列"PROBE"进行选择。图 4-41 中输入的原码为 11111，输出的补码为 10001，电路功能符合要求，仿真电路设计正确。

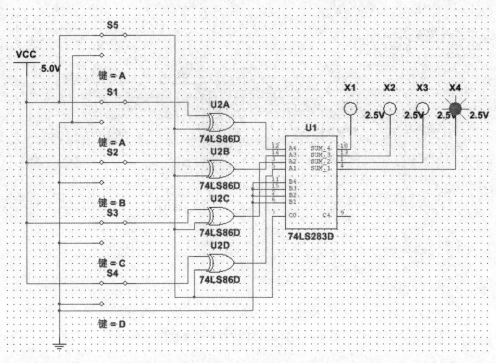

图 4-41   74LS283 实现补码转换电路仿真接线图

4.6.7   比较器 74LS85 的仿真应用

在数字系统中，特别是在计算机系统中都具有对数的运算功能，数值比较也是常用的数值运算功能。74LS85 是四位数值比较器，其逻辑功能表如表 4-7 所示。该器件有两个四位二进制数输入 $A_3A_2A_1A_0$ 和 $B_3B_2B_1B_0$，此外还有三个级联输入端 $I_{A>B}$、$I_{A<B}$ 和 $I_{A=B}$，级联输入端可以和其他数值比较器相联，扩展组成更多位的数值比较器。由 74LS85 的逻辑功能表可以看出，如果不需要输入低位的比较结果，$I_{A>B}$、$I_{A<B}$ 和 $I_{A=B}$ 应分别接入 001。打开 Multisim 软件，完成 74LS85 仿真测试电路，电路连接如图 4-42 所示。

表 4-7   74LS85 逻辑功能表

输			入				输	出	
$A_3 B_3$	$A_2 B_2$	$A_1 B_1$	$A_0 B_0$	$I_{A>B}$	$I_{A<B}$	I_{A-B}	$F_{A>B}$	$F_{A<B}$	F_{A-B}
$A_3 > B_3$	×	×	×	×	×	×	H	L	L
$A_3 < B_3$	×	×	×	×	×	×	L	H	L
$A_3 = B_3$	$A_2 > B_2$	×	×	×	×	×	H	L	L
$A_3 = B_3$	$A_2 < B_2$	×	×	×	×	×	L	H	L
$A_3 = B_3$	$A_2 = B_2$	$A_1 > B_1$	×	×	×	×	H	L	L
$A_3 = B_3$	$A_2 = B_2$	$A_1 < B_1$	×	×	×	×	L	H	L

输			入				输	出	
$A_3 B_3$	$A_2 B_2$	$A_1 B_1$	$A_0 B_0$	$I_{A>B}$	$I_{A<B}$	$I_{A=B}$	$F_{A>B}$	$F_{A<B}$	$F_{A=B}$
$A_3=B_3$	$A_2=B_2$	$A_1=B_1$	$A_0>B_0$	×	×	×	H	L	L
$A_3=B_3$	$A_2=B_2$	$A_1=B_1$	$A_0<B_0$	×	×	×	L	H	L
$A_3=B_3$	$A_2=B_2$	$A_1=B_1$	$A_0=B_0$	H	L	L	H	L	L
$A_3=B_3$	$A_2=B_2$	$A_1=B_1$	$A_0=B_0$	L	H	L	L	H	L
$A_3=B_3$	$A_2=B_2$	$A_1=B_1$	$A_0=B_0$	L	L	H	L	L	H
$A_3=B_3$	$A_2=B_2$	$A_1=B_1$	$A_0=B_0$	H	H	L	L	L	L
$A_3=B_3$	$A_2=B_2$	$A_1=B_1$	$A_0=B_0$	L	L	L	H	H	L

图 4-42 中的 74LS85 的级联输入端标记为 AGTB、AEQB 和 ALTB，这三个端子分别对应于于逻辑功能表中的 $I_{A>B}$、$I_{A=B}$ 和 $I_{A<B}$。按照逻辑功能表要求，将级联输入端 AGTB、AEQB 和 ALTB 分别设置为 010。数值比较器 74LS85 可以在"绘制"→"元器件"→组"TTL"→系列"74LS"进行选择。电源 V_{CC} 作为高电平信号使用，可以在菜单栏中单击"绘制"→"元器件"→组"Sources"→系列"POWER_SOURCES"→元器件"VCC"选中。电源 GROUND 作为低电平信号使用，可以在菜单栏中单击"绘制"→"元器件"→组"Sources"→系列"POWER_SOURCES"→元器件"GROUND"进行选择。U2 和 U3 是数码显示器，分别用来显示 A3A2A1A0 和 B3B2B1B0 的相应十进制数，便于仿真时观察仿真结果。U2 和 U3 可以单击"绘制"→"元器件"→组"Indicators"→系列"HEX_DISPLAY"→元器件"DCD_HEX"进行选择。指示灯 $X_1 \sim X_3$ 用来观测比较结果，可以在"绘制"→"元器件"→组"Indicators"→系列"PROBE"进行选择。图 4-42 中数值比较器 74LS85 的 A3A2A1A0 值为 0101，B3B2B1B0 值为 0111，OAGTB、OAEQB 和 OALTB 的输出为 001，电路功能符合要求，仿真电路设计正确。

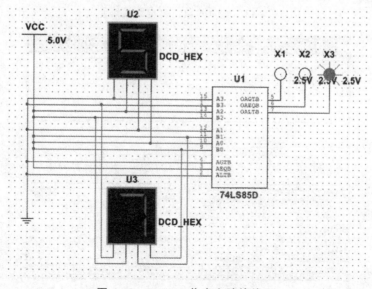

图 4-42 74LS85 仿真电路接线图

4.6.8 竞争险象的仿真测试

组合逻辑电路中的竞争险象是由于门电路的延迟造成的，由于信号输入到稳定输出需要一定的时间，而且输入到输出过程中，不同通路上门的级数不同，或者门电路平均延迟时间的差异，使信号从输入经不同通路传输到输出级的时间不同，这样就会产生错误的输出。组合电路中的险象是一种瞬态现象，它表现为在输出端产生不应有的尖脉冲，暂时地破坏正常逻辑关系。结合 Multisim 可以直接明显的分析竞争险象是如何产生的，从而进一步消除险象。由前面的理论学习可知，当组合逻辑电路的输出出现 $A+\overline{A}$ 或 $A\cdot\overline{A}$ 时，就会出现竞争险象，利用这点完成竞争险象仿真测试电路，电路连接如图 4-43 所示。

图 4-43 中，74LS04 是非门，74LS08 是两输入与门，这两个门电路完成 $A\cdot\overline{A}$ 功能，这两个元件可以在"绘制"→"元器件"→组"TTL"→系列"74LS"进行选择。U3 是时钟脉冲源，用来实现 A 变量的连续变换，该元件可以在"绘制"→"元器件"→组"Sources"→系列"DIGITAL_SOURCES"→元器件"DIGITAL_CLOCK"选中。XSC1 是示波器，该元件可以在右侧的虚拟仪器工具栏拖入仿真工作区使用。电路连接完成后，运行仿真一段时间后，结束仿真，双击示波器，打开示波器窗口如图 4-44 所示。打开示波器对话框后，调节时基标度值，将波形调节为更适宜观测的形状；调节 B 通道 Y 轴位移，将两个重叠的波形分开，图 4-44 中，上方 A 通道的的波形为 A 变量波形，下方 B 通道的波形为 $A\cdot\overline{A}$ 波形，可以看到 B 通道波形有不正确的短时尖脉冲，与理论分析一致。

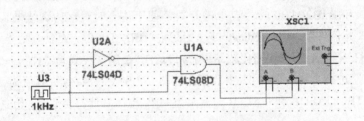

图 4-43　竞争险象仿真电路接线图

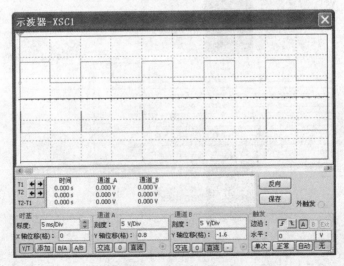

图 4-44　示波器对话窗口

4.7 应用 Multisim 仿真测试时序逻辑电路

数字逻辑电路可分为两大类,即组合逻辑电路和时序逻辑电路。组合逻辑电路的特点是,在任何时刻电路产生的稳定输出信号仅与该时刻电路的输入信号有关。而时序逻辑电路的特点是,在任何时刻电路的稳定的输出信号不仅与该时刻电路的输入信号有关,而且与该电路的状态有关。或者说,某时刻电路的稳定输出与该时刻的输入和电路的状态有关。触发器是构成时序逻辑电路的基本逻辑器件,根据逻辑功能的不同,触发器可以分为 RS 触发器、D 触发器、JK 触发器、T 触发器和 T′触发器,按照触发器电路结构形式的不同,又可以分为基本 RS 触发器、同步触发器、主从触发器和边沿触发器。常用的时序逻辑电路,也制成了中规模集成的标准化集成电路产品,比如集成计数器和集成寄存器。下面将应用 Multisim 软件分别对各类触发器和中规模集成时序逻辑电路进行仿真测试及应用。

4.7.1 基本 RS 触发器的仿真测试

基本 RS 触发器是构成其他触发器的基本单元,基本 RS 触发器分输入低有效和输入高有效两种类型,下面以输入低有效的基本 RS 触发器为例进行仿真测试。输入低有效的基本 RS 触发器由两个与非门交叉耦合组成,$\overline{R}$ 为清零输入端,$\overline{S}$ 为置 1 输入端,Q 和 $\overline{Q}$ 为输出端,正常工作情况下,Q 和 $\overline{Q}$ 应该是互补的。与非门构成的基本 RS 触发器真值表如表 4-8 所示。打开 Multisim 软件,完成基本 RS 触发器的仿真测试电路连接,电路如图 4-45 所示。

表 4-8　与非门构成的基本 RS 触发器真值表

输入		现态	次态		功能说明
$\overline{R}$	$\overline{S}$	Q^n	Q^{n+1}	$\overline{Q}^{n+1}$	
0	0	0	1	1	不允许
0	0	1	1	1	
0	1	0	0	1	清零
0	1	1	0	1	
1	0	0	1	0	置 1
1	0	1	1	0	
1	1	0	0	1	保持
1	1	1	0	1	

XWG1 为字发生器,用来产生触发信号 $\overline{R}$ 和 $\overline{S}$,该元件可以在 Multisim 软件右侧的虚拟仪器工具栏中拖入工作区使用。74LS00 是两输入与非门,该元件可以在"绘制"→"元器件"→组"TTL"→系列"74LS"进行选择。XSC1 是四通道示波器,用来观测触发信号和输出信号,该元件可以在 Multisim 软件右侧的虚拟仪器工具栏中拖入工作区使用。线路连接完成后,运行仿真一段时间后结束仿真,双击示波器,打开示波器对话框。点击通道选择旋钮并

调节相应通道信号的 Y 轴位移, 将重合在一起四个波形分离开来。调节 X 轴位移, 调节波形在水平方向上的显示, 使窗口中的波形图适于观察。窗口中的四个波形从上到下对应的分别是 $\overline{R}$、$\overline{S}$、Q 和 $\overline{Q}$ 信号。当 $\overline{RS}$ 同时为 00 时, Q 和 $\overline{Q}$ 输出不互补, 具体可见图 4-46 中用黑圈圈出的波形。因此, 在实际应用中, $\overline{RS}$ 不允许同时为 00。仿真结果表明, 图 4-46 所示波形与输入低有效的基本 RS 触发器特性一致。

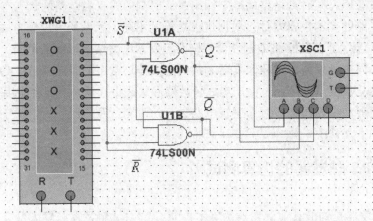

图 4-45   基本 RS 触发器的仿真测试电路接线图

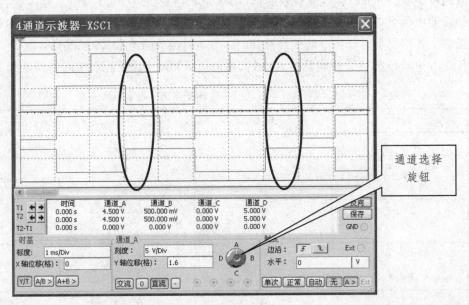

图 4-46   四通道示波器对话框窗口

4.7.2   双下降沿 JK 触发器 74LS112 的仿真测试

JK 触发器是数字电路触发器中的一种基本电路单元。JK 触发器具有置 0、置 1、保持和翻转功能, 在各类集成触发器中, JK 触发器的功能最为齐全。在实际应用中, 它不仅有很强的通用性，而且能灵活地转换其他类型的触发器。74LS112是双下降沿JK触发器，在一块芯片内封装有两个JK触发器，74LS112逻辑功能表如表4-9所示。JK触发器的特性方程为

$$Q^{n+1} = J\overline{Q^n} + \overline{K}Q^n \qquad (4.1)$$

表 4-9　74LS112 逻辑功能表

输入					次态	
~PR	~CLR	CLK	J	K	Q^{n+1}	$\overline{Q}^{n+1}$
0	1	X	X	X	1	0
1	0	X	X	X	0	1
0	0	X	X	X	不定	不定
1	1	↓	0	0	Q^n	$\overline{Q}^n$
1	1	↓	1	0	1	0
1	1	↓	0	1	0	1
1	1	↓	1	1	$\overline{Q}^n$	Q^n
1	1	1	X	X	Q^n	$\overline{Q}^n$

　　由74LS112功能表可以看到，除了JK触发信号输入端外，74LS112还有低有效异步预置数端~PR和低有效异步清除数端~CLR。~PR和~CLR这两个输入端一般不能同时为零，否则触发器处于不定状态。74LS112仿真测试接线图如图4-47所示，将J端连接$\overline{Q}$端，将K端连接Q端，结合式4.1可知，图4-47中JK触发器状态方程应为$Q^{n+1} = \overline{Q^n}$。当预置数端和清除端都为高电平时，CLK下降沿来临时，触发器状态将发生翻转。绘制电路时，74LS112可以在"绘制"→"元器件"→组"TTL"→系列"74LS"进行选择。U2、U3和U4都是时钟信号源，可以在"绘制"→"元器件"→组"Sources"→系列"DIGITAL_SOURCES"→元器件"DIGITAL_CLOCK"选中。U2使用软件默认参数设置，而为了更好地观测到预置数端和清零端的作用，双击U3和U4，对其参数进行设置。U3、U4的参数设置如图4-48所示。

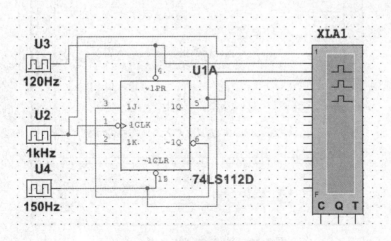

图 4-47　74LS112 仿真测试接线图

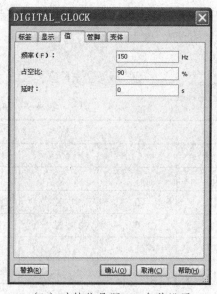

DIGITAL_CLOCK	
标签　显示　值　管脚　变体	
频率（F）：	120 Hz
占空比：	80 %
延时：	0 s
替换(R)　确认(O)　取消(C)　帮助(H)	

（a）时钟信号源 U3 参数设置

DIGITAL_CLOCK	
标签　显示　值　管脚　变体	
频率（F）：	150 Hz
占空比：	90 %
延时：	0 s
替换(R)　确认(O)　取消(C)　帮助(H)	

（b）时钟信号源 U4 参数设置

图 4-48　时钟信号源 U3 和 U4 参数设置

　　将触发器的输入和输出都接到逻辑分析仪 XLA1 中进行观测，逻辑分析仪 XLA1 可以在右侧的仪器工具栏中将其拖入工作区进行使用。仿真运行完成后，双击 XLA1，打开对话窗口，适当调节"时钟脉冲/格"对话框参数，使波形能够更好显示，波形图如图 4-49 所示。图 4-49 中从上到下四个波形分别为 CLK、$\sim PR$、$\sim CLR$ 和 Q，当 $\sim PR$ 和 $\sim CLR$ 都为高电平时，在 CLK 下降沿，Q 发生翻转；当 $\sim PR$ 为低电平时，Q 立刻置 1；当 $\sim CLR$ 为低电平时，Q 立刻清零。仿真结果与 74LS112 功能表一致。

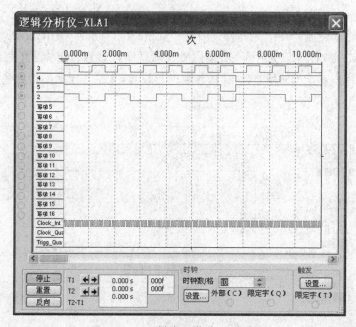

图 4-49　JK 触发器仿真测试波形

4.7.3　同步时序逻辑电路的仿真分析

　　同步时序逻辑电路中所有触发器都是在同一个时钟信号下工作，分析起来相对简单。在 Multisim 中构建一个同步时序逻辑电路如图 4-50 所示，在运行软件进行仿真分析之前，先进行理论分析。图 4-50 中，74LS74 是双上升沿 D 触发器，由电路图首先写出驱动方程

$$\begin{cases} D_1 = Q_0^n \\ D_0 = \overline{Q}_1^n \end{cases} \tag{4.2}$$

将驱动方程带入 D 触发器的特性方程

$$Q^{n+1} = D \tag{4.3}$$

得到状态方程

$$\begin{cases} Q_1^{n+1} = Q_0^n \\ Q_0^{n+1} = \overline{Q}_1^n \end{cases} \tag{4.4}$$

由状态方程作状态表，如表 4-10 所示。由状态表作状态图，如图 4-51 所示。

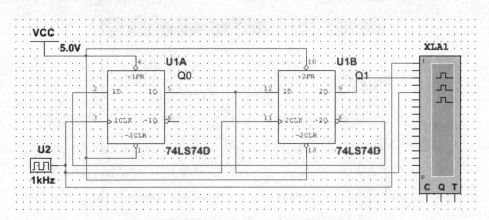

图 4-50　同步时序逻辑电路仿真测试接线图

表 4-10　图 4-50 电路状态表

现　态		次　态	
Q_1^n	Q_0^n	Q_1^{n+1}	Q_0^{n+1}
0	0	0	1
0	1	1	1
1	0	0	0
1	1	1	0

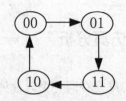

图 4-51　图 4-50 电路状态图

图 4-50 中，74LS74 可以在"绘制"→"元器件"→组"TTL"→系列"74LS"进行选择。U1A 和 U1B 的 CLK 端接入同一个时钟脉冲源 U2，时钟脉冲源 U2 可以在"绘制"→"元器件"→组"Sources"→系列"DIGITAL_SOURCES"→元器件"DIGITAL_CLOCK"选中。U1A 和 U1B 的预置数端 ~ PR 和清零端 ~ CLR 都接 VCC，电源 VCC 作为高电平信号使用，VCC 可以在菜单栏中单击"绘制"→"元器件"→组"Sources"→系列"POWER_SOURCES"→元器件"VCC"选中。由于预置数端 ~ PR 和清零端 ~ CLR 都接 VCC，所以在仿真时将不使用预置数和清零功能。将时钟信号、Q_1 和 Q_0 都接到逻辑分析仪 XLA1 中进行观测，逻辑分析仪 XLA1 可以在软件右侧的仪器工具栏中将其拖入工作区进行使用。电路连接完成后，仿真运行一段时间后结束仿真，双击逻辑分析，打开逻辑分析仪对话框，适当调节"时钟脉冲/格"对话框参数，使波形能够更好显示，波形图如图 4-52 所示。图 4-52 中从上到下三个波形分别为 CLK、Q_1 和 Q_0，对照波形图和状态图 4-51，可见波形图仿真结果与理论分析状态图一致。

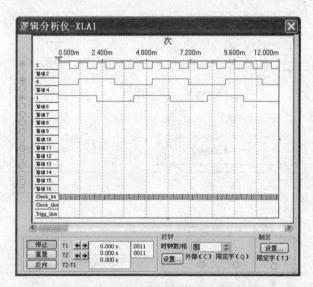

图 4-52　同步时序逻辑仿真电路波形

4.7.4　集成计数器 74LS161 的仿真应用

集成计数器，就是将整个计数器的电路集成在一个芯片上，为了增强集成计数器的适应能力，一般集成计数器设有更多的附加功能，如预置数、清除、保持、计数等多种功能。因此，它具有通用性强、便于功能扩展、使用方便等优点，应用十分普遍。74LS161 是常用的集成 4 位二进制同步加计数器，逻辑功能表如表 4-11 所示。

表 4-11 74LS161 逻辑功能表

清零	预置	使能		时钟	预置数据输入				输出			
~CLR	~LOAD	ENP	ENT	CP	D	C	B	A	Q_D	Q_C	Q_B	Q_A
0	×	×	×	×	×	×	×	×	0	0	0	0
1	0	×	×	⌐	D_3	D_2	D_1	D_0	D_3	D_2	D_1	D_0
1	1	0	×	×	×	×	×	×	保　持			
1	1		0	×	×	×	×	×	保　持			
1	1	1	1	⌐	×	×	×	×	计　数			

下面使用 74LS161 构建一个 8421BCD 码计数的 24 进制计数器，电路接线如图 4-53 所示。为实现 8421BCD 码计数，打破 74LS161 本身的自然二进制码计数方式，将个位芯片 U2 的 Q_D、Q_A 接入两输入与非门 74LS00U4B，其输出接 U2 的 ~LOAD 端，同时 U2 的 DCBA 端全部接地。当个位芯片计数至 1001 时，74LS00U4B 输出为 0，在下一个时钟上升沿来临时，个位芯片置数为 0000。为实现 8421BCD 码计数方式的个位与十位间逢十进一，将 U4B 的输出再接非门 74LS04 U7A，其输出接十位芯片 U1 的 ENP 和 ENT。当个位芯片计数至 1001 时，十位芯片的 ENP 和 ENT 为 1，当下一个时钟上升沿来临时，十位芯片可以加计一个数。为实现 24 进制也就是计数到 23 回 0，采用异步清零控制，将 U1 的 QB 和 U2 的 QC 接入两输入与非门 7400U4A，其输出同时接 U1 和 U2 的 ~CLR 端。当十位芯片计数至 0010，个位芯片计数至 0100 时，两输入与非门 74LS00U4A 的输出为 0，两块计数芯片立刻清零，因此 0010 0100 是一个过渡状态，计数循环为 0000 0000 ~ 0010 0011 即 0 ~ 23 循环。

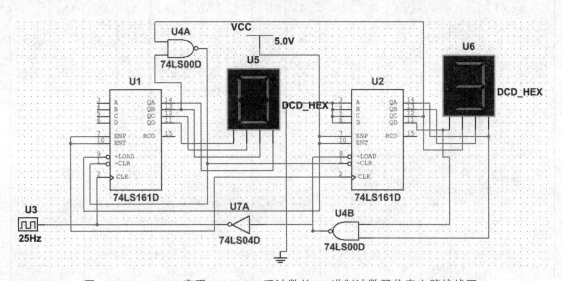

图 4-53 74LS161 实现 8421BCD 码计数的 24 进制计数器仿真电路接线图

图 4-53 中，74LS161、74LS00、74LS04 可以在"绘制"→"元器件"→组"TTL"→系列"74LS"进行选择。U5 和 U6 是数码显示器，可以单击"绘制"→"元器件"→组"Indicators"→系列"HEX_DISPLAY"→元器件"DCD_HEX"命令后选中。为了简化设计电路，计数器状态的显示没有使用译码电路而是使用了虚拟元件 DCD_HEX。为了最大程度仿真实际电路，也可以采用数字显示译码器和七段显示数码管代替虚拟元件 DCD_HEX，具体接线可参考图4-39。时钟脉冲源 U3 可以在"绘制"→"元器件"→组"Sources"→系列"DIGITAL_SOURCES"→元器件"DIGITAL_CLOCK"选中。时钟源默认频率为 1 kHz，在仿真时使用这个频率的话数码显示的变换速度过快不利于观察，因此将时钟源频率改为 25 Hz。接线完成后，运行仿真，数码管从 00～23 循环显示，符合 8421BCD 码计数的 24 进制计数器计数规则。

4.7.5 集成移位寄存器 74LS194 的仿真应用

寄存器是计算机和其他数字系统用来存放数据的一些小型存储区域，用来暂时存放参与运算的数据和运算结果。其实寄存器就是一种常用的时序逻辑电路，但这种时序逻辑电路只包含存储电路，主要组成部分就是触发器。集成寄存器产品种类很多，下面以双向移位寄存器 74LS194 为例介绍集成移位寄存器的仿真应用。74LS194 功能丰富具有左移、右移、数据并入、并出、串入、串出、清零等功能，74LS194 逻辑功能表如表 4-12 所示。应用 74LS194 和其他元器件构建一个 8 位右移流水灯显示电路，如图 4-54 所示。

表 4-12　74LS194 逻辑功能表

序号	清零	控制信号		时钟	串行输入		并行输入				输出				功能
	$\sim$CLR	S_1	S_0	CLK	SL	SR	A	B	C	D	Q_A	Q_B	Q_C	Q_D	
1	0	$\times$	$\times$	$\times$	$\times$	$\times$	$\times$	$\times$	$\times$	$\times$	0	0	0	0	清零
2	1	$\times$	$\times$	0	$\times$	$\times$	$\times$	$\times$	$\times$	$\times$	Q_A^n	Q_B^n	Q_C^n	Q_D^n	保持
3	1	1	1	$\uparrow$	$\times$	$\times$	d_0	d_1	d_2	d_3	d_0	d_1	d_2	d_3	置数
4	1	0	1	$\uparrow$	$\times$	1	$\times$	$\times$	$\times$	$\times$	1	Q_A^n	Q_B^n	Q_C^n	右移
5	1	0	1	$\uparrow$	$\times$	0	$\times$	$\times$	$\times$	$\times$	0	Q_A^n	Q_B^n	Q_C^n	右移
6	1	1	0	$\uparrow$	1	$\times$	$\times$	$\times$	$\times$	$\times$	Q_B^n	Q_C^n	Q_D^n	1	左移
7	1	1	0	$\uparrow$	0	$\times$	$\times$	$\times$	$\times$	$\times$	Q_B^n	Q_C^n	Q_D^n	0	左移
8	1	0	0	$\times$	$\times$	$\times$	$\times$	$\times$	$\times$	$\times$	Q_A^n	Q_B^n	Q_C^n	Q_D^n	保持

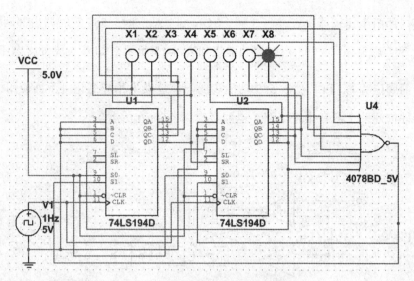

图 4-54　流水灯显示仿真电路接线图

　　为实现 8 位右移流水灯，将两块 74LS194 级联使用。将 U1 的 Q_D 连接 U2 的 SR，将 U2 的 Q_D 连接 U1 的 SR。如果寄存器初态为 0000 0000 则显示器无法循环显示，因此使用八输入或非门 4078 来避免这个问题。4078 的输入端接两块移位寄存器的输出 $Q_AQ_BQ_CQ_D$，4078 的输出端接 U1 和 U2 的 S1，U1 和 U2 的 S0 接电压源 VCC，U1 和 U2 的 DCBA 分别接 0000 和 0001。这样当寄存器状态为 0000 0000 时，U1 和 U2 置数为 0000 0001，实现正常显示。图 3-54 中 74LS194 可以在"绘制"→"元器件"→组"TTL"→系列"74LS"进行选择。八输入或非门 4078 可以在"绘制"→"元器件"→组"CMOS"→系列"CMOS_5 V"进行选择。电源 VCC 作为高电平信号使用，可以在菜单栏中单击"绘制"→"元器件"→组"Sources"→系列"POWER_SOURCES"→元器件"VCC"选中。电源 GROUND 作为低电平信号使用，可以在菜单栏中单击"绘制"→"元器件"→组"Sources"→系列"POWER_SOURCES"→元器件"GROUND"进行选择。时钟源 V1 可以在"绘制"→"元器件"→组"Sources"→系列"SIGNAL_VOLTAGE_SOURCES"→元器件"CLOCK_VOLTAGE"选中。输出用指示灯 X1 ~ X8 进行指示，指示灯可以在"绘制"→"元器件"→组"Indicators"→系列"PROBE"进行选择。接线完成后，运行仿真，八盏指示灯将循环亮灯，符合 8 位右移流水灯设计要求。

4.7.6　555 定时器的仿真应用

　　555 定时器是一种多功能数模混合中规模集成器件。555 定时器成本低，性能可靠，功能多样，只需要外接几个电阻、电容，就可以实现多谐振荡器、单稳态触发器及施密特触发器等脉冲产生与变换电路。因此 555 定时器大量应用于电子控制、电子检测、仪器仪表、家用电器、音响报警、电子玩具等诸多方面。还可用作振荡器、脉冲发生器、延时发生器、定时器、方波发生器、单稳态触发振荡器、双稳态多谐振荡器、自由多谐振荡器、锯齿波发生器、脉宽调制器、脉位调制器等等。555 定时器的内部电路框图如图 4-55 所示，555 定时器的功能主要由其内部两个比较器决定，当 5 脚（CON 端）悬空时，555 定时器内部两个比较器的阈值为 $\frac{2}{3}V_{CC}$ 和 $\frac{1}{3}V_{CC}$，此时 555 定时器功能表如表 4-13 所示。如果 5 脚外接电压源 V_{CO}，则两个比较器的阈值为 V_{CO} 和 $\frac{1}{2}V_{CO}$，555 功能表的阈值也发生相应变化。下面使用 555 定时器和其他元器件构建一个双音报警电路，电路接线如图 4-56 所示。

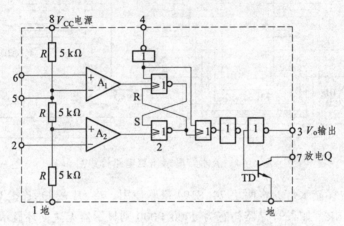

图 4-55　555 定时器内部结构图

表 4-13　555 定时器功能表

输　　入			输　　出	
RST（4）	THR（6）	THI（2）	V_O（3）	T_D 状态
0	x	x	低	导通
1	>2/3V_{CC}	>1/3V_{CC}	低	导通
1	<2/3V_{CC}	>1/3V_{CC}	不变	不变
1	<2/3V_{CC}	<1/3V_{CC}	高	截止
1	>2/3V_{CC}	<1/3V_{CC}	高	截止

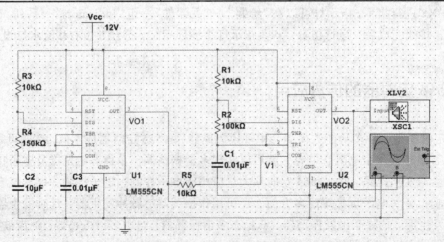

图 4-56　双音报警电路仿真接线图

图4-56中,U1和U2这两个555定时器都构成多谐振荡器,由于U1的输出接U2的CON端,所以U2的阈值应为$V1$和$\frac{1}{2}V1$。由电路知识结合555内部结构图,可知$V1$表达式为:

$$V_1 = \frac{1}{4}V_{O1} + \frac{1}{2}V_{CC} \tag{4.5}$$

当V_{O1}为低电平时,$V_1 \approx \frac{1}{2}V_{CC}$,当$V_{O1}$为高电平时,$V_1 \approx \frac{3}{4}V_{CC}$。结合555定时器构成的多谐振荡器周期计算公式,可以得到,当V_{O1}为低电平时,V_{O2}的周期为:

$$T_1 = (R_1 + R_2)C_1 \ln 1.5 + R_2 C_1 \ln 2 \tag{4.6}$$

当V_{O1}为高电平时,V_{O2}的周期为:

$$T_2 = (R_1 + R_2)C_1 \ln 2.5 + R_2 C_1 \ln 2 \tag{4.7}$$

由式4.6和4.7可知,当V_{O1}为低电平时,V_{O2}周期较短,频率较大,声音较尖锐;当V_{O1}为高电平时,V_{O2}周期较长,频率较小,声音较低沉,从而实现双音报警电路。带入电阻和电容参数进行计算,可得V_{O2}的T_1为1.141 ms,T_2为1.692 ms,V_{O1}波形周期为2.139 s。555定时器可以在菜单栏中单击"绘制"→"元器件"→组"Mixed"→系列"TIMER"→元器件"LM555CN"选中。电源 VCC 可以在菜单栏中单击"绘制"→"元器件"→组"Sources"→系列"POWER_SOURCES"→元器件"VCC"选中。电源 GROUND 可以在菜单栏中单击"绘制"→"元器件"→组"Sources"→系列"POWER_SOURCES"→元器件"GROUND"进行选择。电阻元件可以在菜单栏中单击"绘制"→"元器件"→组"Basic"→系列"RESISTOR",在元器件中进行选择。电容元件可以在菜单栏中单击"绘制"→"元器件"→组"Basic"→系列"CAPACITOR",在元器件中进行选择。XLV2 是虚拟扬声器,可以在软件右侧虚拟仪器工具栏的下方,单击"LabVIEW"按钮的三角形小箭头,选中"Speaker"拖入工作区。XSC1 是示波器,该元件可以在右侧的虚拟仪器工具栏拖入仿真工作区使用。电路连接完成后,运行仿真足够长时间后(软件右下方传递时间显示3 s以上),结束仿真,双击扬声器,点击播音键,即可听到双音报警声。双击示波器,打开示波器窗口如图4-57所示。打开示波器对话框后,调节时基标度值,将波形调节为更适宜观测的形状;调节 B 通道 Y 轴位移,将两个重叠的波形分开,图4-57中,上方 A 通道的的波形为V_{O1}波形,下方 B 通道的波形为V_{O2}波形,可以看到V_{O1}波形从高电平转为低电平后,V_{O2}的周期由长变短。用鼠标移动窗口左侧的T_1和T_2标记,将T_1和T_2移至V_{O1}高电平时V_{O2}一个周期的位置,此时示波器数据窗口显示$T_2 - T_1$为1.709 ms,与理论计算值接近。同样的方法,也可以将T_1和T_2移至V_{O1}低电平时V_{O2}一个周期的位置,将仿真结果与理论计算值进行比较,如图4-58所示。由图4-58示波器数据窗口可以得到$T_2 - T_1$为1.128 ms,与理论计算值接近。

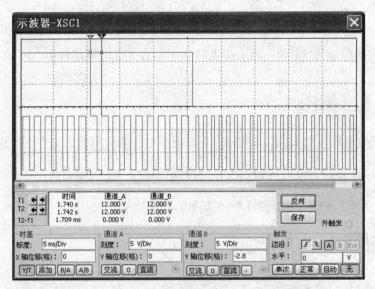

图 4-57　双音报警电路波形图及低音周期测量

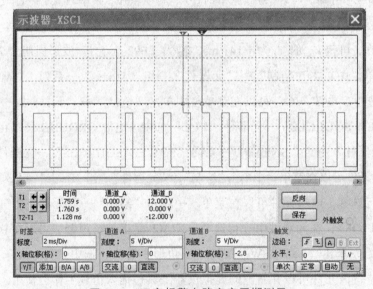

图 4-58　双音报警电路高音周期测量

单击菜单栏"仿真"→"Analyses simulation"，弹出如图 4-59 所示的参数设置对话框。单击"Interactive Simulation"→"分析选项"，将"Grapher data"中的"继续而不丢弃先前的图表"选中，保存后推出，运行仿真足够长时间（软件右下方传递时间显示 5 s 以上）后，结束仿真，双击示波器，打开示波器窗口如图 4-60 所示。打开示波器对话框后，调节时基标度值，将波形调节为更适宜观测的形状；调节 B 通道 Y 轴位移，将两个重叠的波形分开，图 4-60 中，上方 A 通道的波形为 V_{O1} 波形，下方 B 通道的波形为 V_{O2} 波形。与 V_{O1} 波形频率相比，V_{O2} 波形频率约为 V_{O1} 波形频率的 1 000 倍，因此在示波器上显示 V_{O2} 波形非常密集。用鼠标移动窗口左侧的 T_1 和 T_2 标记，将 T_1 和 T_2 移至 V_{O1} 一个周期的位置，此时示波器数据窗口显示 $T_2 - T_1$ 为 2.137 s，与理论计算值接近。

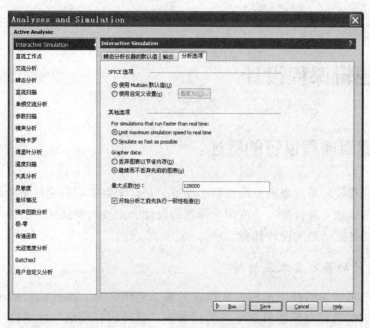

图 4-59　双音报警电路 Analyses simulation 仿真参数设置

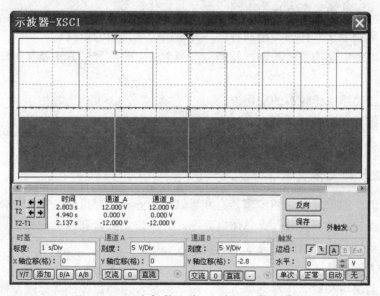

图 4-60　双音报警电路 V_{O1} 波形周期的测量

5 数字逻辑课程设计

5.1 数字逻辑课程设计的概述

数字逻辑课程设计是重要的实践性教学环节，是对学生学习数字电路的综合性训练，这种训练是通过学生独立进行某一个或两个课题的设计、安装和调试来完成的。学生必须独立完成一个选题或自定选题的设计任务。

1. 课程设计的基本要求及目标

学生需要根据给定的技术指标，从稳定可靠、使用方便、高性能价格比出发来选择方案，运用所学过的各种电子器件和电子线路知识，设计出相应的功能电路。课程设计课程目标在于：

（1）通过查阅手册和文献资料，培养学生独立分析问题和解决实际问题的能力；

（2）了解常用电子器件的类型和特性，并掌握合理选用的原则；

（3）学会电子电路的安装与调试技能，掌握电子电路的测试方法及了解印刷线路板的设计、制作方法；

（4）进一步熟悉电子仪器的使用方法；

（5）学会撰写课程设计总结报告；

（6）培养学生严肃认真的工作作风和严谨的科学态度。

2. 课程设计的具体步骤

电子电路的一般设计方法和步骤是：分析设计任务和性能指标，选择总体方案，设计单元电路，选择器件，计算参数，画总体电路图。进行仿真试验和性能测试。最后完成实物制作，通过反复调试和解决故障，完成最后功能。

（1）总体方案选择

设计电路的第一步就是选择总体方案，就是根据提出的设计任务要求及性能指标，用具有一定功能的若干单元电路组成一个整体，来实现设计任务提出的各项要求和技术指标。设计过程中，往往有多种方案可以选择，应针对任务要求，查阅资料，权衡各方案的优缺点，从中选优。

（2）单元电路的设计

根据设计要求和选定的总体方案原理图，确定对各单元电路的设计要求，必要时应详细拟定主要单元电路的性能指标。拟定出各单元电路的要求后，对它们进行设计。

（3）元器件的选择

在选择元器件的时候，尽量用同类型的器件，如所有的功能器件都采用 TTL 集成电路或都采用 CMOS 集成电路。这样可以避免接口电路的设计。同时，整个系统所用的器件种类和个数应尽可能地少。级联时如果出现时序配合不同步，或尖峰脉冲干扰，引起逻辑混乱，可以增加多级逻辑门来延时。如果显示字符变化很快，模糊不清，可能是由于电源电流跳变引起的，可在集成电路器件的电源端 VCC 加滤波电容。通常用几十微法的大电容与 0.01 微法的小电容相并联。尽量使接线短而牢固，避免因接线的原因导致的电路不稳定。

（4）单元电路调整与连调

数字电路设计以逻辑关系为主体，因此各单元电路的输入输出逻辑关系与它们之间的正确传递决定了设计内容的成败。具体步骤要求每一个单元电路都须经过调整，有条件情况下可应用逻辑分析仪进行测试，确保单元正确。各单元之间的匹配连接是设计的最后步骤，主要包含两方面，分别是电平匹配和驱动电流匹配。它也是整个设计成功的关键一步。

3. 课程设计报告要求

课程设计说明书一般由下面几部分组成。

（1）设计任务及主要技术指标和要求；

（2）总体方案设计；

（3）根据设计任务和技术指标要求，结合所学知识，（参照给定的参考电路），选择设计方案，说明工作原理，并进一步将技术指标分配给各单元电路；

（4）单元电路的设计：根据分配给各个单元电路和技术指标，选择单元电路的形式，并对电路中元器件进行计算和选择，画出单元电路图，核算单元电路的技术指标；

（5）仿真电路图和仿真结果展示；

（6）整体电路图：包括原理图、整体装配图、元器件明细表；

（7）实际电路指标性能测试：根据设计技术指标要求测试有关数据，包括测试方法和所用仪器及其分析、电路设计、调整过程及其测试中出现的问题；

（8）对设计成果的评价：说明本设计的特点及存在问题，提出改进建议；

（9）参考文献；

（10）致谢：本人在课程设计中的收获和体会。

5.2 数字逻辑课程设计题目

题目 1 8 人智力竞赛抢答器

1. 设计功能基本要求

（1）8 名选手编号为：1，2，3，4，5，6，7，8。各有一个抢答按钮，按钮的编号与选手的编号对应，也分别为 1，2，3，4，5，6，7，8。

（2）给主持人设置一个控制按钮，用来控制系统清零（编号显示数码管灭灯）和抢答的开始。当主持人按下开始键，扬声器发声，抢答开始。

（3）抢答器具有数据锁存和显示的功能。抢答开始后，若有选手按动抢答按钮，该选手编号立即锁存，并在编号显示器上显示该编号，同时扬声器给出音响提示，封锁输入编码电路，禁止其他选手抢答。优先抢答选手的编号一直保持到主持人将系统清零为止。

2. 设计的扩展要求

（1）抢答器具有定时（例如 20 s）抢答的功能，定时时间可由主持人设定。当主持人按下开始按钮后，要求定时器开始倒计时，定时显示器显示倒计时时间，同时扬声器发出音响，音响持续 0.5 s。参赛选手在设定时间（20 s）内抢答，抢答有效，扬声器发出音响，音响持续 0.5 s，同时定时器停止倒计时，编号显示器上显示选手的编号，定时显示器上显示剩余抢答时间，并保持到主持人将系统清零为止。

（2）如果定时抢答时间已到，却没有选手抢答时，本次抢答无效。系统扬声器报警（音响持续 0.5 s），并封锁输入编码电路，禁止选手超时后抢答，时间显示器显示 00，由主持人清零。

（3）用扬声器发出声音也可以同时辅助发光二极管来显示计时时间或报警。

3. 8 人智力竞赛抢答器设计原理（仅供参考）

（1）8 人智力竞赛抢答器电路系统的组成框图，如图 5-1。

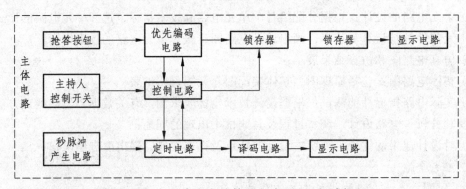

图 5-1　8 人智力竞赛抢答器电路系统的组成框图

（2）主体电路的工作原理。

工作过程：接通电源后，主持人将开关置于"清零"位置，抢答器处于禁止工作状态，显示器显示设定的时间，当主持人将开关拨到"开始"位置，扬声器发出声响提示，抢答器处于工作状态，定时器倒计时。当定时时间到，却没有选手抢答时，系统报警，并封锁输入电路，禁止选手超时后抢答。当选手在定时时间内按动抢答按键时，抢答器要完成三项功能：

① 分辨出抢答者的编码，并显示，同时封锁按键；

② 扬声器发出声音，提醒主持人；

③ 定时器停止工作，时间显示剩余的抢答时间，保持到主持人复位位置。

所以主体电路的设计主要包括以下几个部分：

① 抢答电路的设计：主要实现两大功能：一是能分辨出选手按键的先后，并锁存优先抢

答者的编号，供译码显示电路用；二是使其他选手的按键操作无效。定时电路的设计：主持人根据题目的难易程度，可以设定一次抢答的时间，通过预置时间电路对计数器进行预置。

② 报警电路设计：可参考相关典型电路。

③ 时序控制电路的设计：主持人按下开关时，扬声器发声，抢答开始，定时电路进入正常工作状态，否则选手按键无效；当选手抢答完毕后，定时电路停止工作，显示按键时间，只有"清零"后，才能重新开始。当设定时间到，无人抢答则报警电路工作，抢答电路和定时电路停止工作。

（3）扩展电路的工作原理（略）。

题目2 多功能数字钟电路

1．设计基本要求

（1）准确计时，以数字形式显示时、分、秒（为了使电路简单，不要求显示秒，可以采用发光二极管指示，可以省去2片译码器和2片数码显示器）。小时的计时要求为"12翻1"，即12点后为1点，分和秒的计时要求为60进位。

（2）计时出现误差时可以用校时电路进行校时、校分、校秒（为了使电路简单，不要求对秒校正）。

2．扩展功能

（1）定时控制：数字钟在指定的时刻发出信号，或驱动音像电路"闹时"；例如要求上午7时59分发出闹时信号，持续时间为1分钟；

（2）仿广播电台正点报时：每当数字钟计时快到正点时发出声响，通常按4低音1高音的顺序发出间断声响，以最后一声音结束的时刻为正点时刻。

（3）报整点时数：每当数字钟计时到整点时发出音响，且几点就响几声。

3．数字钟电路系统的设计原理（仅供参考）

（1）数字钟电路系统的组成框图，如图5-2。

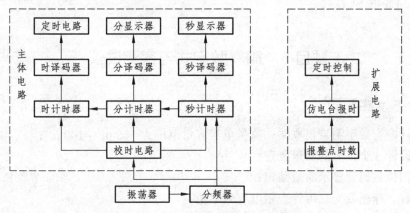

图 5-2　数字钟电路系统的组成框图

（2）主体电路的工作原理

振荡器产生稳定的高频脉冲信号，作为数字钟的时间基准，在经分频器输出标准秒脉冲。秒计时满60后向分计数器进位，分计数器满60后向小时计数器进位，小时计数按照"12翻1"规律计数。计数器的输出经译码器送显示器。计时出现误差时可以用校时电路进行校时、校分、校秒（为了使电路简单，不要求对秒校正）。主体电路主要包括以下几个部分：

① 振荡器：可以用晶振振荡器也可以用555定时器。晶振特点是频率高，计时精度高，但是不易实现；555定时器特点是频率不高，计时精度不高，但易于实现。设计者可以根据实际情况，自行选择。

② 分频器：分频的作用在于将振荡器的频率降低，能够满足计时或相关电路的需要。（例如二分频电路可以使频率变为原来的一半）。

③ 时、分、秒计数器的设计：分和秒都是模60的计数器，其计数规律为00—01——…—58—59—00…而时计数器为"12翻1"的特殊进制计数器，即当数字钟运行到12时59分59秒时，秒的个位计数器再输入一个秒脉冲时，数字钟应自动显示为01时00分00秒，实现日常生活中习惯用的计时规律。

④ 时、分、秒的译码器和显示器的设计：通常用7448和8段（或7段）数码管显示器实现。

⑤ 校时电路的设计：当数字钟接通电源或计时出现误差时，需要校正时间。对校时电路的要求是：在小时校正时不影响分和秒的正常计数；在分校正时不影响秒和小时的正常计数。校时可以通过手动产生单脉冲做校时脉冲。校时脉冲通常采用1 Hz脉冲。

（3）扩展电路的工作原理

（1）定时控制电路的设计：可以设计一个组合逻辑电路来控制闹时电路。当到时间时，扬声器发出1 kHz的声音，持续一分钟后结束。

（2）仿广播电台正点报时电路的设计：可以设计一个组合逻辑电路来实现。通常为4声低音，可以用500 Hz输入音响；最后一声高音为1 kHz输入音响。都持续1 s左右。

（3）整点报时电路的设计：主要组成部分是减法计数器，完成几点响几声功能。即从小时计数器的整点开始进行减法计数，直到零为止。然后可以采用编码器将小时计数器的5个输出端Q_4、Q_3、Q_2、Q_1、Q_0按照"12翻1"的编码要求转换为减法计数器的4个输入端D_3、D_2、D_1、D_0所需的BCD码。

题目3 简易数字式电容测试仪

1. 设计基本要求

（1）设计电容数字测量仪电路，测量电容容量范围为100 pF ~ 100 μF；

（2）应设计3个以上的测量量程；

（3）用四位数码管显示测量结果；

（4）用红、绿色发光二极管表示电容的单位；

（5）测试10个以上的电容，并记录测试误差。

2. 扩展功能

（1）报警电路，如果超出量程则发出声光报警；

（2）扩展电容测量的范围。

3. 简易数字式电容测量仪的设计原理（仅供参考）

（1）简易数字式电容测量仪的组成框图，如图 5-3。

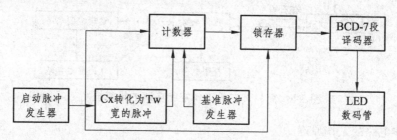

图 5-3　简易数字式电容测量仪的组成框图

（2）主体电路的工作原理。

把待测电容 C 转换成宽度为 t_w 的矩形脉冲，转换的原理是单稳态触发器的输出脉宽 t_w 与电容 C 成正比，用 555 振荡器产生一定周期的矩形脉冲作为计数器的 CP 脉冲，也就是标准频率。用这个宽度的矩形脉冲作为闸门信号控制计数器计数，合理处理计数系统电路，使计数器的计数值即为被测电容的容值。或者把此脉冲作闸门时间和标准频率脉冲相"与"，得到计数脉冲，将该计数脉冲送计数—锁存—译码显示系统就可以得到电容量的数据。外部旋钮控制量程的选择，用计数器控制电路控制总量程，如果超过电容计量程，则报警并清零。

（3）扩展电路的工作原理（略）。

题目 4　简易洗衣机工作控制电路

1. 设计基本要求

（1）100 min 内可设定洗衣机的工作时间。

（2）控制洗衣机的电机时间可自由设定。

（3）用开关启动洗衣机，数码管动态显示剩余时间，发光二极管依次点亮形成光点移动或停止，表示电机的运动规律。

2. 扩展功能

自行扩展。

3. 简易洗衣机工作控制电路的设计原理（仅供参考）

（1）简易洗衣机工作控制电路的组成框图，如图 5-4。

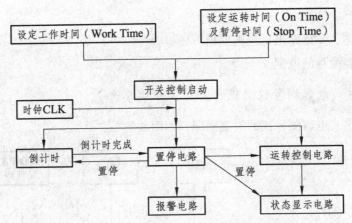

图 5-4 简易洗衣机工作控制电路的组成框图

（2）主体电路的工作原理。

首先设定工作时间（Work Time）注，运转时间（On Time）及暂停时间（Stop Time）。然后通过开关启动电路。在时钟 CLK 的作用下，时间设置电路开始倒计时，运转控制电路控制状态显示电路，使发光二极管依次点亮形成光点移动或停止，表示电机的运动规律。当倒计时完成，通过信号激活置停电路，置停时间设置电路、运转控制电路及状态显示电路，从而达到模拟停机的目的，并且置停电路控制报警电路发出灯光和声音报警，表明洗衣完成。主体电路主要包括以下几个部分：

① 状态显示电路：该部分电路由两组发光二极管构成。第一组由 8 个发光二极管构成圆形，模拟洗衣机滚筒转动。第二组由 8 个并列的发光二极管构成，可清晰的显示运动情况。

② 时间设置电路：该部分电路主要由 4 片同步可逆十进制计数器和 4 个数码管组成。

③ 运转控制电路：该部分电路由两个模块组成，分别是运转时间设置电路和核心控制电路。运转时间设置电路原理与时间设置电路类似，控制运转时间及暂停时间的两组计数器的置数端，从而实现洗衣机的电机运转及暂停时间 100 s 内可调。

④ 脉冲发生电路：该部分电路主要由信号源、开关及门电路组成。该部分电路由开关和置停电路控制。

⑤ 置停电路：这部分电路可以用触发器实现。

⑥ 报警电路：这部分电路主要由反相器、红灯及蜂鸣器组成。

题目 5　交通灯控制电路

1. 设计基本要求

（1）模拟交通灯工作：南北方向红灯亮，东西方向绿灯亮；各方向黄灯闪烁；南北方向绿灯亮，东西方向红灯亮；各方向黄灯闪烁。正常工作下循环上述状态。

（2）红灯、黄灯、绿灯时间可设定。

（3）当发生紧急情况时，所有方向均亮红灯。

2. 扩展功能

（1）每盏灯配一个倒计时电路显示，从倒数第三秒的时候开始闪烁。

（2）自行扩展其他功能。

3. 交通灯控制电路的设计原理（仅供参考）

（1）交通灯控制电路的组成框图，如图5-5。

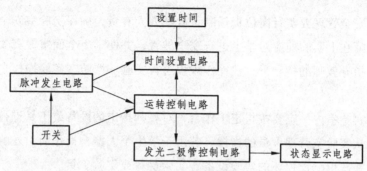

图5-5　交通灯控制电路的组成框图

（2）主体电路的工作原理。

首先在时间设置电路中设定南北方向红灯（100 s 以内）、黄灯（10 s 以内）、绿灯（100 s 以内）时间，然后将开关闭合，即可按照设计要求的状态工作。当出现紧急情况时，断开开关，所有方向均亮红灯。该电路模型主要由五部分组成：状态显示电路、发光二极管控制电路、时间设置电路、运转控制电路、脉冲发生电路。

题目6　汽车尾灯控制电路

1. 设计基本要求

汽车尾灯两侧各有3个指示灯汽车运行时具有如下模式：

A. 汽车正向行驶时，左右两侧的指示灯全部处于熄灭状态；

B. 汽车左转弯行驶时，左侧的 3 个指示灯按自上而下顺序循环点亮；

C. 汽车右转弯行驶时，右侧的 3 个指示灯按自下而上顺序循环点亮；

D. 汽车临时刹车时，左右两侧的指示灯同时处于闪烁状态。

2. 扩展功能

自行扩展。

3. 汽车尾灯控制电路的设计原理（仅供参考）

当不操作时，所有灯全部处于熄灭状态；当按下左转控制键时，左侧的 3 个指示灯按自上而下顺序循环点亮；当按下右转控制键时，右侧的 3 个指示灯按自下而上顺序循环点亮；当按下刹车键时，左右两侧的指示灯同时处于闪烁状态。循环点亮可采用移位寄存器实现，发光二极管输入 1 Hz 的脉冲，就可实现闪烁的效果。

附录1　实验室安全准则

（1）实验室安全管理要实行岗位责任制，做到人人有责，确保实验室安全。

（2）任课教师在上实验前应对学生进行安全教育，并使学生全面掌握有关的操作规程。学生必须在实验指导教师的指导下，按操作规程进行实验。严防在实验操作中发生机、电、人身事故。

（3）学生在实验室内一定要按指定工作台，对教师指定的设备或工具进行实践操作，不得随意窜动，服从实验室管理人员的指挥。若由于学生个人擅自操作而引发的事故，全部责任由学生自负，并按价赔偿损坏的实验设备、实验材料或实验工具。

（4）工作完毕后，实验完毕后要做好现场的清理工作，切断所有设备的电源，并做好相应的记录，指导学生关风扇、关灯、关好门窗后才可离开实验室。

（5）保持实验室内环境整洁和清洁卫生，严禁乱扔废弃物品，保持通道畅通。

（6）实验室内严禁吸烟或动用明火，防止火灾发生。

（7）严禁使用漏电或故障教学仪器。

（8）禁止将易燃、易爆、易腐蚀、放射性及其他危险品带进实验室，严防火灾事故发生。实验人员、任课教师和学生做到人人懂得防火常识，人人会使用灭火器（灭火器应放在明显容易操作的地方），人人会报警。一旦发生火情，要积极扑救。

（9）实验室管理人员有权制止违章行为，并在节假日、开学前和期末进行全面检查，发现安全隐患，立刻消除或上报，并作记录。

数字电子技术实验室

附录 2 常用芯片名称及管脚图

芯片型号	管脚图	功能介绍
74LS00	VCC 4B 4A 4Y 3B 3A 3Y 14 13 12 11 10 9 8 74LS00 1 2 3 4 5 6 7 1A 1B 1Y 2A 2B 2Y GND	四 2 输入与非门
74LS10	VCC 1C 1Y 3C 3B 3A 3Y 14 13 12 11 10 9 8 74LS10 1 2 3 4 5 6 7 1A 1B 2A 2B 2C 2Y GND	三 3 输入与非门
74LS20	VCC 2D 2C NC 2B 2A 2Y 14 13 12 11 10 9 8 74LS20 1 2 3 4 5 6 7 1A 1B NC 1C 1D 1Y GND	二 4 输入与非门,其中 NC 为空管脚,不需要连接。
74LS02	VCC 4Y 4B 4A 3Y 3B 3A 14 13 12 11 10 9 8 74LS02 1 2 3 4 5 6 7 1Y 1A 1B 2Y 2A 2B GND	四 2 输入或非门
74LS04	VCC 6A 6Y 5A 5Y 4A 4Y 14 13 12 11 10 9 8 74LS04 1 2 3 4 5 6 7 1A 1Y 2A 2Y 3A 3Y GND	非门
74LS08	VCC 4B 4A 4Y 3B 3A 3Y 14 13 12 11 10 9 8 74LS08 1 2 3 4 5 6 7 1A 1B 1Y 2A 2B 2Y GND	四 2 输入与门

芯片型号	管脚图	功能介绍
74LS32	VCC 4B 4A 4Y 3B 3A 3Y 14 13 12 11 10 9 8 74LS32 1 2 3 4 5 6 7 1A 1B 1Y 2A 2B 2Y GND	四 2 输入或门
74LS86	VCC 4B 4A 4Y 3B 3A 3Y 14 13 12 11 10 9 8 74LS86 1 2 3 4 5 6 7 1A 1B 1Y 2A 2B 2Y GND	异或门
74LS74	VCC 2$\overline{\text{CLR}}$ 2D 2CLK 2$\overline{\text{SET}}$ 2Q 2$\overline{\text{Q}}$ 14 13 12 11 10 9 8 74LS74 1 2 3 4 5 6 7 1$\overline{\text{CLR}}$ 1D 1CLK 1$\overline{\text{SET}}$ 1Q 1$\overline{\text{Q}}$ GND	双 D 型正沿触发器，$\overline{\text{CLR}}$ 为低有效直接复位端，$\overline{\text{SET}}$ 为低有效直接置位端
74LS112	VCC 1$\overline{\text{CLR}}$ 2$\overline{\text{CLR}}$ 2CLK 2K 2J 2$\overline{\text{SET}}$ 2Q 16 15 14 13 12 11 10 9 74LS112 1 2 3 4 5 6 7 8 1$\overline{\text{CLK}}$ 1K 1J 1$\overline{\text{SET}}$ 1Q 1$\overline{\text{Q}}$ 2$\overline{\text{Q}}$ GND	双 JK 型负沿触发器，$\overline{\text{CLR}}$ 为低有效直接复位端，$\overline{\text{SET}}$ 为低有效直接置位端
74LS138	VCC $\overline{\text{Y}}_0$ $\overline{\text{Y}}_1$ $\overline{\text{Y}}_2$ $\overline{\text{Y}}_3$ $\overline{\text{Y}}_4$ $\overline{\text{Y}}_5$ $\overline{\text{Y}}_6$ 16 15 14 13 12 11 10 9 74LS138 1 2 3 4 5 6 7 8 A_0 A_1 A_2 $\overline{\text{G}}_{2B}$ $\overline{\text{G}}_{2A}$ G_1 $\overline{\text{Y}}_7$ GND	3 线—8 线译码器
74LS153	VCC 2$\overline{\text{G}}$ A_0 2D_3 2D_2 2D_1 2D_0 2Y 16 15 14 13 12 11 10 9 74LS153 1 2 3 4 5 6 7 8 $\overline{\text{1G}}$ A_1 1D_3 1D_2 1D_1 1D_0 1Y GND	双 4 选 1 数据选择器

芯片型号	管脚图	功能介绍
74LS161	VCC CO Q_0 Q_1 Q_2 Q_3 ET $\overline{LD}$ 16 15 14 13 12 11 10 9 74LS161 1 2 3 4 5 6 7 8 $\overline{CLR}$ CLK D_0 D_1 D_2 D_3 EP GND	四位二进制可预置 数同步加法计数器
74LS194	VCC Q_0 Q_1 Q_2 Q_3 CLK M_1 M_0 16 15 14 13 12 11 10 9 74LS194 1 2 3 4 5 6 7 8 $\overline{CLR}$ D_{SR} D_0 D_1 D_2 D_3 D_{SL} GND	四位双向移位寄存器
555	Vcc DIS THR CTRL 8 7 6 5 555 1 2 3 4 GND TRIG OUT $\overline{RESET}$	555 定时器

参考文献

[1] 钟化兰. 数字电子技术实验及课程设计教程[M]. 西安：西北工业大学出版社，2015.

[2] 王萍. 电子技术实验教程[M]. 北京：机械工业出版社，2017.

[3] 付智辉，裴亚男. 数字逻辑与数字系统[M]. 成都：西南交通大学出版社，2009.

[4] 邬春明，雷宇凌，李蕾，等. 数字电路与逻辑设计[M]. 北京：清华大学出版社，2015.

[5] 郭锁利，等. 基于 Multisim 9 的电子系统设计、仿真与综合应用[M]. 北京：人民邮电出版社，2008.

[6] 任骏原，腾香，李金山. 数字逻辑电路 Multisim 仿真技术[M]. 北京：电子工业出版社，2013.

[7] 刘可文. 数字电路与逻辑设计[M]. 北京：科学出版社，2013.

[8] 教育部高等学校电子电气基础课程教学指导分委员会. 电子电气基础课程教学基本要求[M]. 北京：高等教育出版社，2011.